영양학 실험

최경순 · 윤미은 공저

태학원

머리말

영양학은 현대인의 건강을 위한 학문이며, 영양소와 다른 물질의 작용, 상호작용, 건강과 질병의 관계와 균형, 그리고 영양소가 섭취된 후, 소화, 흡수, 수송되어 사용되어지고 배설되기까지의 과정까지도 포함합니다.

이 책은, 영양학을 전공하는 학생들의 영양학 실험에 활용하기 위해 다년간 영양학 강의 경험을 통해 관련된 주제들을 알기쉽게 구성한 책입니다.

영양학 실험의 역사와 인체를 대상으로 한 실험, 그리고 동물실험을 수록하였습니다.

본 교재를 사용하는 가운데 잘못된 부분에 대한 계속적인 지도편달을 부탁드리며 차후 교정에 게을리하지 않도록 노력하고자 합니다.

이 책이 나오기까지 수정, 보완을 함께 한 여러분들과 태학원 이무형 사장님과 직원 여러분에게 감사를 전합니다.

2006년 2월

저자

차례

제 1 절

영양학 실험의 역사

1 영양학 실험의 역사

영양학은 완전한 신체 건강을 위한 과학이며 살아가는데 필요한 영양소의 분석 등을 포함하는 것으로 알려져 왔다. 요드킨(Yodkin)은 영양학을 인간과 음식 사이의 관계로 정의하기 위해 생리학과 생화학적 양상 뿐 아니라 심리학과 사회학까지도 포함하였다. 질적으로나 양적으로 적절한 음식을 구성하기 위해 신체의 요구량이 결정되고 그 요구량에 대응하는 음식의 종류와 양을 선택하기 위한 과학이 필요하다.

음식의 과학이라고 불리어지는 영양학은 영양소와 다른 물질의 작용, 상호작용, 건강과 질병의 관계와 균형 그리고 영양소가 섭취, 소화, 흡수, 수송되어 사용되어지고 배설되는 과정까지도 포함한다.

즉, 우리가 섭취하는 식품 또는 영양소가 우리들의 성장, 발육, 건강유지, 또는 건강증진에 어떤 영향을 미치는 가를 판정하는 것을 영양학 실험이라고 한다.

영양학자들이 제안하는 식품에 포함되어 있는 영양소들은 신체에 있어서 다음 3가지 역할 중 하나를 실행한다. 1) 에너지 제공, 2) 신체과정의 조절, 3) 체조직의 성장과 조절 역할 등이다. 영양학은 1934년에 비로소 미국 영양학회에서 별개의 학과로 인정되었다. 화학과 생물학의 발견이 있은 후 영양학의 발전이 이루어졌다. 영양학은 다른 과학과 분리된 학문이 아니다. 영양학의 발전은 주위의 주목을 끌었을 뿐 아니라 화학, 미생물학, 생리학, 세포 생물학과 의학의 발전에도 공헌했다. 최근 기술의 획기적인 향상과 공학의 진보는 영양학자들이 발전할 수 있는 도구와 발전하고자 하는 마음을 불어 넣어주었다.

■ 역사적 배경

비록 영양학의 대부분 연구들이 20세기 까지는 제한되었지만 예상 외로 영양학적 실험은 일찍이 시작되었다. 쉬나이더(Schneider)는 이 영양학의 역사를 3등분하였다. 천연시대(BC. 400-AD. 1750), 화학분석시대(AD. 1750-1900) 그리고 생물학 시대(1900-현재) 또 여기에 1955년부터 현재까지의 세포분자 시대가 더해진다. 세포분자 시대에는 고도화로 조직된 개별 세포 내에서의 영양학 연구에 대한 적절한 조절이 강조되었다.

1) 천연시대

천연시대 동안의 사람들은 음식에 대해 많은 희미한 지혜를 가지고 있었다. 그들의 대부분은 금기위주의 유래, 미술적인 힘, 의학적 가치 등으로 이루어진다. 현재 행해지는 바와 같이 이전 사람들은 음식은 생존을 위해서 필수적이고 다른 음식에 대한 구별은 없는 것으로 인식하였다. 그러나 성서 시대의 다니엘은 사람들이 콩을 먹고 물을 마시는 경우에 왕의 음식을 먹고 술을 마시는 이들보다 잘 자라는 것을 관찰하였다. 의학의 아버지 히포크라테스는 BC 400년 질병과 건강에 대한 음식의 연구에서 음식은 일반적 영양소라고 하였다. 그는 기아 중의 체중감소는 불감성 발한에 의한다고 믿었다. 16세기, 신체에 대한 첫 개념이 논의되고 식이요법과 장수에 대한 개념이 설정되었다. 16세기 초 이태리 의사 샌크토리스는 몸에서의 음식의 최후에 대해 관심이 있어서 식사 전 후에 몸무게를 달았다. 그는 오직 음식을 먹은 만큼 몸무게가 증가한다는 것을 설명하는데 실패했는데 이는 불감성 발한이 무게의 손실을 가져온다는 사실을 증명하였다. 같은 기간에 할베이와 스텔란자니가 순환과 소화에 대한 관심을 갖고 관찰한 것이 영양학 공부를 쉽게 하였다. 이 시대의 말기에 처음 영양실험이 1747년 영국 내과의사 린드에 의해 수행되었다. 그는 6가지 다른 질병을 앓고 있는 12명의 선원을 치료하므로 괴혈병 치료법을 발견하였다. 그는 레몬과 라임 쥬스 모두는 효과적이었으나, 다른 것들 진한 황산, 사과즙, 유두구, 해수, 식초 등은 괴혈 상태의 치료에 효과가 없다고 결론을 내렸다.

2) 화학분석시대

화학분석시대의 영양학 연구는 영양학의 아버지라고 불리우는 라브와지에에 의해 18C에 창시되었다. 그의 논문은 환원과 산화 열량측정법의 연구를 포함하였다. 모든 것은 식품에너지의 사용과 관련이 있다. 그가 한 "기니아 피그의 산소 흡수, 식품의 유무, 활동"은 신체의 열 생산과 산소 사용간의 관계를 보여준 첫 연구논문이다. 블랙과 프리에스트리는 모두 18세기에 활동하였고 환원과 에너지 동화의 개념을 성장시키는데 공헌했다. 19세기 초반에 유기 화합물 내에 탄소, 수소, 질소의 결정을 위한 방법이 발전되었다. 이러한 원소들을 위한 음식의 분석은 레이비그로 하여금 영양의 가치는 그 질서의 양에 있다고 제안하게 하였다. 그는 또한 적절한 식이는 합성식품(단백질)과 연료식품(탄수화물, 지방)을 공급한다고 하였다. 프랑스의 과학자 두마스는 1871년 파리를 포위공격하는 동안 이 가설을 검토했다. 탄수화물, 지방, 단백질의 합성물로 구성된 식사를 먹인 아이는 죽었다는 것을 발견하는 것으로 믿어졌다. 1881년 루닌에 의해 이루어진 비슷한 결론은 우유를 먹는 동안 어떤 것들이 잘 자라는 동안 우유로부터 만들어진 재, 우유지방, 우유 설탕(탄수화물), 정제된 카제인(단백질)의 식이를 먹은 쥐는 죽는 것을 발견하였다. 그 때부터 1906년 사이에 동물을 키우는데 있어서 정제된 식이의 사용에 대한 12가지 실험결과가 있었다. 모든 것들은 놀라울 만큼의 작은 양의 천연 음식의 첨가는 성장의 증진과 동물 건강 유지에 필수적이라는 결론을 내리기에 이르렀다. 분명히 음식은 탄수화물(당질), 지방, 단백질, 무기질, 재 이상을 포함하고 있었으나 그 다른 물질은 신비로 남아있었다. 미국 농림성에서 이러한 것을 발견함에도 불구하고 1910년까지 탄수화물, 지방 그리고 단백질이 인간의 식사에 있어서 오직 필수적인 영양소라고 계속 확고부동하게 알려지고 있었다.

3) 생물학적 시대

1921년에 탄수화물, 지방, 단백질, 무기질, 재 밖에 첨가적 식이가 필수적임이 잘 확립되었다. 펑크는 이 식이 성분이 생(Life)에 필수적임을 깨닫고 그것은 아민이나 질소함유물일 것이라고 믿었다. 이 알 수 없는 식이요소를 묘사하기 위해 비타민(Vitamine)이라는 용어가 알려졌다. 두 가지 독립적인 논문은 결과적으로 두 가지 비타민 즉 지용성 비타민 A와 수용성 비타민 B로 나타난다고 하였다. 위스콘신 대학의 맥콜럼의 연구는 몇 지용성 즉, 버터 같은 것은 필수적 성장요소를 포함하나 이에 반해 라아드 같은 것은 그렇지 않다고 하였다. 예일크맨은 쌀겨의 수용성 비타민은 동양에 많은 질병 각기병(beriberi)의 예방을 한다고 관찰하였다. 1920년 모든 비타민은 질소를 포함하지 않았다는 것이 확립되었을 때 마지막 'e' 자가 빠져서 오늘날 주장되는 비타민(Vitamin)이라는 용어가 획득하였다. 이 기간 중 비교적 느린 전달에도 불구하고 유럽, 아시아, 북미의 과학자들은 동일한 필수적 식이요소의 급속한 섭취를 이루었다. 많은 경우의 발견들은 분리된 실험실의 광활함 속에서 과학자들의 독립된 활동에 의해 거의 동시에 만들어졌다. 각기병, 괴혈병, 구루병, 펠라그라와 같은 질병은 이전에 유독한 물질에 기인하였거나 자연 중에 전염하는 것일 것이라는 개념이었으나, 사실상 극히 작은 양의 영양 결핍의 결과로 이러한 천연의 필수 식이에 굉장한 자극을 나타내었다. 그것은 곧 지용성 A와 수용성 B 모두의 몇 가지 성분임이 확인되었다. 1940년 4개의 지용성과 8개의 수용성 비타민이 인간 식이의 필수원소로 인정되었고 각각의 화학적 구조도 확립되었으며 많은 것들이 합성되었고 그들의 생물학적 지식이 급속히 축척되었다. 1940년 이래 두 필수적 비타민은 엽산과 비타민 B_{12}로 인정되었다. 이와 같은 기간동안 식이의 불ㄹ연성 성분이나 무기질 재는 연구되었고 복잡한 원소 혼합물로 증명되기에 이르렀다. 무기질 중 20개는 인간 식이에 필수요소로 확립되었다. 몇 다른 필수 요소는 아직 확실하지 않다. 1960년 이후 영양학 연구의 강조는 필수 식이요소의 연구로부터 영양소 사이의 상호 관계성으로 바뀌었고 그들의 정밀한 생물학적 규칙들은 인간 식이의 요구와 식품의 영양적 질의 과정의 효과를 결정하였다. 더욱 최근에 우리 영양학의 이론적 지식과 영양적 상태의 가설에 있어서 그 적용 사이의 좁은 틈이 나타난 결과와 같이 영양학자들은 그들 자신들을 영양학 교육과 식품행위의 수정과 관계있는 교육자, 전달자, 인류학자로 나타냈다.

4) 세포 분자시대

1955년 이래 전자 현미경의 발견, 초원심분리기, 미량화학의 기술 그리고 방사선의 사용과 안정된 동위원소 그리고 면역분석은 그것을 영양학적 요구의 연구와 개별세포 세포 내 요소까지 또는 세포의 소기관 대사의 연구를 가능하게 만든다. 현 시대는 몸에 대한 엄청난 정보들이 쌓인다. 그것은 세포의 자람과 발전, 유지에 있어서 영양소 작용의 생리적 규칙성, 복잡성에 그리고, 세포 구조의 복잡함에 대한 더욱 완전한 이해를 하게 하였다. 세포의 영양은 조직으로 알려진 세포의 결합의 영양에 기초가 되고 이것은 인체의 영양에 기초가 되어 최종적으로 복잡한 신체로의 영양으로 나타난다. 그것은 현재 필수 효소, 다른 세포 성분의 형성의 실패나 이러한 성분의 활용의 불가능성에 있어서 필수 영양소 결핍의 결과로 나타났다. 이는 건강불량의 특별한 신체 증후에서 결과적으로 보여지는 세포의 기능부진, 세포의 죽음을 초래하였다. 비록 우리가 분자적 수준에서 영양학에 관한 우리의 이해를 향상하는 연구를 한다 할지라도 음식은 결국 영양의 원천이 되는 것은 중요하게 기억되어야 한다. 그것은 세포가 자라고 기능을 하는 영양소의 원천이다.

5) 현재

정상적 기능을 위해 음식에 의해 제공되어지는 45가지의 영양소들에 관한 급속히 팽창된 방대하고 복잡한 지식과 더불어 탄수화물과 지방 그리고 단백질은 정상적인 성장과 발전에 보다 더 필수적인 요소임을 현재 연구는 보여준다. 우리는 지금 100여년 이후의 우리 자신을 발견하는데 요구량에 대한 무관심으로 인한 이들중 한가지 결핍은 전 신체 기능에 치명적인 영향을 미친다 비록 지금 비타민의 발견으로부터 세월이 흘렀지만 영양학은 미량원소의 필수적인 규칙, 비타민 무기질의 상호작용 그리고 다량 영양소가 많은 연구 활동의 요지를 이루는 생동적이며 흥분된 분야를 남겼다. 사실 각기병, 괴혈병, 펠라그라, 콰시오카 등의 모든 영양결핍이 개발동상국가들에서 발견되는 것은 영양학 정보 제공의 결과에 대한 확실한 증거이다.

제 2 절

인 체 실 험

1 인간을 연구대상으로 할 경우 지켜야 할 기본적 도덕 윤리론

일반적인 인체실험(human experiment)은 광범위하게는 인간을 대상으로 하는 모든 분야의 연구 실험을 의미하나, 주로 영양대사와 관련된 이론을 검정하는 실험과 질병과 식이인자와의 상호 관련성을 연구하는 실험에 핵심을 두고자 한다. 사람을 대상으로 하는 모든 실험은 피험자의 동의를 얻는 것이 필수사항인데, 피험자의 협조를 얻기 어려운 실험 내용이나 피험자에게 불리한 상황을 초래하는 실험계획은 피해야 하므로 그 범위가 매우 제한적이다.

미국에서는 1972년 7월에 이미 인간을 대상으로 하는 생명의과학과 행동과학 분야연구의 국가연구시행령(National Research Act, Public Law 93348)으로서 국가위원회를 "National Commission for the Protection of Human Subjects of Biomedical and Behavioral Research"로 칭하였다. 이 위원회에서는 인간을 실험대상으로 하는 연구의 보호책으로 도덕 윤리론과 그 지침(Ethical principles and guidelines for the protection of human subject of research)을 보고하였다.

1) 인간의 존엄성 (Respect for Person)

인간을 대상으로 하는 대부분의 연구에서는 대상자의 자율성에 근거하여 지원자가 선택되어야 한다. 연구에 앞서 대상자들은 인간의 존엄성을 근거로 한 대우를 받아야 하는데, 법적으로 자율성을 박탈당한 집단에서도 연구참여의 자율성을 부여하여야 하며, 정상집단에서는 스스로 연구참여 여부를 선택하도록 해야 한다. 과거에는 형을 집행 받은 죄수들이 특정실험에 반강제적으로 동원된 경우도 있었으나 이는 인간의 자율성을 무시한 처사로 인정되어 비난을 받은 바 있다.

2) 선행 (Beneficence)

선행이란 대상자를 배려하는 의미로서 대상자에게 해를 끼치지 않는다(do not harm)는 의미와 가능한 이익은 최대화하고(maximize possible benefits), 가능한 해는 최소화한다(minimize possible harms)는 일반적인 도덕성을 의미한다.

3) 공정성 (Justice)

연구 대상집단을 선택하는데 있어 관련되는 사항으로 단지 연구추진의 편리성과 용이성을 우선으로 하여 특정 집단을 임의로 선택하는 것을 자제하고 모든 대상자들을 공평하게 고려하여, 특별집단이 유리하게 되고 상대적인 집단에 불리하게 되는 것을 피해야 함을 의미한다.

2 인체 대상연구의 실험계획

사람을 대상으로 한 모든 임상연구실험은 해당 기관에 속해 있는 연구 심의위원회중 IRB(Institutional Review Board)의 승인을 얻은 후에 연구추진이 가능하다. IRB가 구성되지 않았던 과거에는 인체 대상연구가 별다른 규제없이 쉽게 이루어질 수 있었으나, 최근 국내 대부분의 연구기관에서는 피험자의 권익을 보호하기 위해 국외의 IRB제도를 도입하였다. 대부분의 의과대학 부속병원과 연구소에서는 해당기관의 필요성에 따라 IRB위원회를 구성할수 있으며 약물실험이나 기능성 식품의 효능 검정시험을 실시하기에 앞서 IRB의 승인을 얻어야한다. IRB에 제출한 내용은 다음과 같은 일반적인 형식을 갖추며 필요에 따라 그 내용을 변경할 수 있다. 또한 IRB는 회의 결과에 따라 필요한 경우에 제출된 시험계획의 일부를 수정 및 보완하는 요구를 할 수 있다.

1) IRB에 제시할 일반적인 형식

연구책임자, 참여하는 모든 연구자 및 시험의뢰자의 소속을 제기하고 본 시험의 목적 및 시험실시와 관련된 연구배경과 시험의 타당성을 제기한다. 또한 대상자에게 시험할 시험물질 (test material)과 대조물질 (placebo)의 품명, 원료물질 및 분량을 제시하고 포장방법과 대상자에게 공급하는 방법을 서술한다. 그 외 연구대상자의 건강상태 및 질환에 대한 서술을 내용으로 한다.

2) 피험자의 선정기준, 제외기준, 목표한 피험자수 및 그 근거

(1) 피험자의 선정기준

① 피험자의 연령, 성별

② 피험자의 건강상태에 대한 지표 기준

③ 본인이 연구참여에 서면동의 한 사람

(2) 피험자의 제외기준

피험자의 범위에서 제외되어야 할 사람의 기준을 제시한다.

(3) 목표한 피험자수 결정법

시험군과 대조군간에 차이가 유의적으로 판정될 비율을 기준으로 피험자의 수를 결정한다. 피험자를 결정하는 산출법중 한 예를 들면 아래와 같다.

본 시험에서 시험군에 과일추출물(시험물질), 대조군에 placebo를 투여하여 8주 후에 혈장 지질 농도를 측정하여 두 집단에서 개선으로 판정될 비율을 기준으로 피험자의 수를 결정한다.

① 의사에 따른 효과와 성별효과를 제거하고 순수한 시험물질의 효과를 뚜렷하게 밝혀내기 위하여 의사와 성별을 block인자로 한 반복된 렌덤화완전블락설계(replicated randomized complete block design)를 사용한다.

② 각 피험자의 시험군과 대조군의 배정은 block별로 독립적으로 동수로 임의배정한다.

③ 시험물질의 효과가 유의하다고 잘못 설명하는 위험확률(유의수준) = α
시험물질의 효과가 유의하지 않다고 잘못 설명하는 위험확률(β-오류) =1-β
본 연구에서는 α=0.05, d=0.02, β=0.2라 둔다. 즉, 유의수준은 5%이며 시험군과 대조군의 효과의 차이가 20%일 때의 검정력이 1-0.2 =0.8이다.

④ 피험자의 수는 다음과 같이 이중표집법(double sampling)을 사용한다.
P_1 : 시험물질(시험군)의 치료효과
P_2 : 대조군의 치료효과
M_1, M_2 : 1단계, 2단계에서의 시험군의 피험자수
N_1, N_2 : 1단계, 2단계에서의 대조군의 피험자수
$m = m_1+m_2$: 시험군의 최정적인 피험자수
$n = n_1 +n_2$: 대조군의 최정적인 피험자수

귀무가설 H0 : $p_1 \le p_2$

대립가설 H1 : $p_1 \ge p_2 + d$

$m_1 = n_2 = 20$: 1단계에서의 피험자수는 시험군과 대조군에 각각 20명씩으로 한다.

⑤ 1단계 실험후 다음과 같이 2단계 시험을 한다.

$\widehat{p_{11}}$: 1단계 시험에서 시험군의 효과

$\widehat{p_{12}}$: 1단계 시험에서 대조군의 효과

$$D = \frac{z_a\sqrt{\frac{m_1+n_1}{m_1 n_1}}\sqrt{\widehat{p_0}(1-\widehat{p_0})} - d}{\sqrt{\frac{(\widehat{p_{21}}+d)(1-\widehat{p_{21}}-d)}{m_1} + \frac{\widehat{p_{21}}(1-\widehat{p_{21}})}{n_1}}}$$

$$= \frac{z_a\sqrt{2\widehat{p_0}(1-\widehat{p_0})} - 0.2}{\sqrt{(\widehat{p_{21}}+0.2)(1-\widehat{p_{21}}-0.2)+\widehat{p_{21}}(1-\widehat{p_{21}})}}$$

여기서

$$\widehat{p_0} = \frac{m_1\widehat{p_{11}} + n_1\widehat{p_{21}}}{m_1 + n_1} = \frac{\widehat{p_{11}} + \widehat{p_{21}}}{2}$$ 이다.

⑥ 결정방법으로는, 만일 $D < -z_\beta = -0.84$이면 시험을 종료한다. 따라서 이 경우는 피험자 수는 $m_1 + n_1$이며 검정력은 $\varnothing(D)$이다. 단 $\varnothing(\cdot)$는 표준정규분포의 누적분포함함수이다.

이때,

$$\widehat{p_{11}} - \widehat{p_{21}} > z_a\sqrt{\frac{m_1+n_1}{m_1 n_1}}\sqrt{\widehat{p_0}(1-\widehat{p_0})}$$ 이면

$$= 1.645\sqrt{\frac{\widehat{p_0}(1-\widehat{p_0})}{10}}$$

시험물질의 효과가 통계적으로 유의수준 5%에서 유의하다고 결론 내린다.

⑦ 만일 $D \ge -z_\beta = -0.84$ 이면 2단계 시험을 행한다.

시험군과 대조군에서 각각 m_2와 n_2명의 피험자를 선택한다.

편의상 $m_2=n_2=10$으로한다. 그러면 최종적으로 피험자수는 시험군에서 m=

$m_1 + m_2$이며 대조군에서 $n = n_1 + n_2$가 된다. 또한,

$$\hat{p}_1 - \hat{p}_2 > za\sqrt{\frac{m-n}{mn}} \quad \sqrt{\hat{p}(1-\hat{p})} \text{ 이면}$$

$$= 1.645\sqrt{\frac{\hat{p}(1-\hat{p})}{15}}$$

시험물질의 효과가 통계적으로 유의수준 5%에서 유의하다고 결론내린다. 여기서

$\hat{p}_{12}$: 2단계 시험에서 시험군의 효과

$\hat{p}_{22}$: 2단계 시험에서 대조군의 효과

$$\hat{p}_1 = \frac{m_1\hat{p}_{11} + m_2\hat{p}_{12}}{m_1 + m_2} \quad \text{: 시험군에서 최종효과}$$

$$\hat{p}_2 = \frac{n_1\hat{p}_{21} + n_2\hat{p}_{22}}{n_1 + n_2} \quad \text{: 대조군에서의 최종효과}$$

$$\hat{p} = \frac{n\hat{p}_1 + n\hat{p}_2}{m + n}$$

이며 시험물질의 효과가 d일때의 검정력은 Ø(D*)이다. 여기서

$$(\text{여기서, } D* = \frac{\sqrt{2\hat{p}(1-\hat{p}) - 6}}{\sqrt{(\hat{p}_2 + 0.2)(1-\hat{p}_2 - 0.2) + \hat{p}_2(1-\hat{p}_2)}} \text{ 이다})$$

3) 시험방법

(1) 시험 디자인

시험군을 배정할시 사용되는 일반적인 방법은 무작위 배정, 비공개 및 비교시험으로 한다. 비공개시험으로 실시할 경우 담당연구자 등에 의한 인적요인의 영향을 받을 수 있다. 이같은 대상군선정에 따른 삐뚤림(selection bias) 등의 가능성을 최소화시키고, 최대한의 객관성을 유지하기 위해서는 무작위 배정법을 통한 대상군을 선정한다. 예를 들어 블록의 크기가 4인 randomization을 이용하여 4명의 대상자를 하나의 block으로 배정할 경우 한 block내에서

시험군과 대조군의 비율을 1:1로 하여 배정하는 가능한 방법은 6가지가 된다. 이 방법은 시험이전에 난수표를 이용하여 무작위로 block을 선택하여 미리 고안한다. 연구자는 선정 및 제외기준에 맞는 피험자를 선정한 후 시험에 참여하는 순서대로 배정번호(allocation number)를 부여한다. 이러한 방법으로 연구자는 코드명으로 시험물질 또는 대조물질을 처방하고 처방전을 받은 관리자는 처방전 코드에 해당하는 식품 또는 시험물질을 피험자에게 정확히 지급한다.

(2) 투여량 및 투여방법

시험물질과 대조물질의 제조형태, 제공량 및 복용방법을 제시한다.

(3) 투여기간

시험물질과 대조물질의 투여기간을 제시한다.

(4) 병용방법

시대상자의 식이요법, 운동량, 안정요법 병용여부를 제시한다. 그외 시험기간동안 금지해야 할 여타의 시험용 물질 등을 서술한다. 만약 시험기간동안 복용한 물질이 있다면 그 이유를 증례기록지에 반드시 기록하여야 하며 목적이 분명한 것만 사용하도록 한다.

4) 관찰항목, 검사항목 및 관찰검사법(예시)

(1) 관찰

① 실험실 검사

· 혈액학적 검사 : WBC, RBC, Hemoblobin, Hematocrit, WBC differential count (Neutro, Eosino, Baso, Lympho, Mono)

· 혈액 생화학적 검사 : Creatinine, AST, ALT, Alkaline posphatase, Glucose, Total cholesterol(TC), HDL-cholesterol, LDL-cholesterol(Friedewald 공식을 이용하여 측정), Triglyceride(TG), Friedewald 공식(mg/dL) : LDL-C = TC-HDL-C-TG/5

② 초음파, 골밀도 등의 검사

이 검사는 피험자의 적격 여부를 판별할 때와 유효성 평가를 위해 실시한다. 모든 검사는 시험자의 의뢰에 따라 동일 검사소에 검사를 수행한다.

③ 순응도(compliance) 평가

피험자들에게 투여시작 후 일정한 시점에 빈 시험식품 용기나 복용하지 않은 것을 가져오도록 요청해야 한다. 연구자는 반납된 시험물질 수를 조사하여 복용상태를 기록하고, 문진을 병행하여 치료에 대한 순응도를 평가한다.

$$순응도 = \frac{실제\ 투여\ 또는\ 복용\ 횟수}{총\ 투여해야\ 하는\ 횟수} \times 100$$

표 2-1 시기별 처치 및 검사계획

평가일: 예정일±7일	치료기(Treatment)		
연구기간	visit 1 0 week	visit 2 6 week	visit 3 12 week
서면동의	○		
기초조사[1]	○		
병력/약물복용력	○		
활력징후(vital sign)	○	○	○
신체진찰	○		○
초음파 및 골밀도 검사[2]	○		○
혈청보관	○		○
실험실 검사	○		○
선정/제외기준	○		
피험자번호 부여	○		
병용약제 조사		○	○
이상반응 조사		○	○
시험물질/대조물질 처방	○	○	
순응도 검사		○	○
기타검사	○		○

1) 기초조사 : 생년월일, 주소, 전화번호 등의 인적사항

2) 연구목적에 따라 특수장비를 이용하는 검사

(2) 시기별 treatment 및 검사계획(예시)

① visit 1: 0주

· 서면동의 : 시험 시작 전 피험자에게 충분히 설명한 후 서면동의서를 작성한다.

· 기초조사 : 피험자의 생년월일, 성별, 주소, 전화번호, 신장, 체중, 흡연여부, 알코올 섭취여부, 치료력을 문진하여 증례기록지에 기록한다.

· 피험자번호 부여

· 병력 및 약물복용력 : 치료기를 기준으로 지난 1년간 혹은 현재 가지고 있는 질환, 복용하는 약물에 대하여 문진하여 그 내용을 증례기록지에 기록한다.

· 활력징후(vital sign) : 체온, 혈압, 맥박을 측정하여 기록한다.

· 신체진찰 : 각 기관에 대한 이상여부를 검사하고 이상이 있을 경우 그 내용을 증례기록지에 기록한다.

· 초음파 또는 골밀도 등의 검사 : 특정한 질환 개선 판별에 실시한다.

· 특정 혈청검사 : 예를 들면 초음파 검사소견상 지방간으로 판별된 환자로서 AST 또는 ALT가 정상 상한치의 1.3배 이상인 환자에 실시한다.

· 실험실 검사 : 혈액학적 검사, 혈액생화학적 검사를 실시한다.

· 선정/제외기준 판정 : 선정기준을 모두 만족하고 제외기준에 한가지도 해당되지 않을 경우 본 시험의 피험자로 선정될 수 있다.

· 시험물질/대조물질 지급

② visit 2: 6 Week

· 활력징후

· 병용약제 조사 : 치료기 방문 이후 복용한 약물에 대해 문진하여 그 내용을 증례기록지에 기록한다.

· 이상반응 조사

· 순응도 평가 : 연구자는 반납된 시험물질 / 대조물질 수를 조사하여 복용상태를 잘 기록하고 문진을 병행하여 치료에 대한 순응도를 평가한다.

· 시험물질 / 대조물질 지급

③ visit 3: 12 Week

· 활력징후

· 평가 : 초음파 검사

· 혈청보관

· 실험실 검사 : 혈액학적 검사, 혈액생화학적 검사를 실시한다.
· 신체진찰 : 각 기관에 대한 이상여부를 검사하고 이상이 있을 경우 그 내용을 증례기록지에 기록한다.
· 병용약제 조사 : 지난 방문 이후 복용한 물질에 대해 문진하여 그 내용을 증례기록지에 기록한다.
· 이상반응 조사
· 순응도 평가 : 연구자는 반납된 시험물질 / 대조물질의 분량을 조사하여 복용상태를 잘 기록하고 문진을 병행하여 치료에 대한 순응도를 평가한다.

④ 일정에 없는 방문
시험기간 중 일정에 없는 방문을 한 피험자에 대해서는 방문 사유와 연관이 있는 임상검사 결과와 치료내용 등을 모두 조사한다.

(3) 예측 부작용 및 사용상 주의사항

① 복용 중 또는 복용 후에 예측되는 부작용은 없을 것이지만 만약 이 물질을 복용후 발진, 발작, 가려움 등이 일어날 때는 담당의사와 상의할 것
② 복용시 다음 사항에 주의할 것
· 정해진 용법, 용량을 잘 지킬 것
· 이 물질의 복용으로 이상증상이 나타날 경우에는 즉시 복용을 중지하고 담당의사와 상의할 것
③ 보관 및 취급상의 주의
· 소아의 손이 닿지 않는 곳에 보관할 것
· 직사일광을 피하고 되도록 습기가 적고 서늘한 곳에 보관할 것
· 오용을 피하고 품질을 보호유지하기 위해 다른 용기에 넣지 말 것

5) 중지 및 탈락 기준

(1) 시험의 중지

① 시험 책임자는 시험 과정에서 관찰된 결과에 비추어 시험을 지속하는 것이 현명하지 않다고 판단될 경우 임상시험 의뢰자와 협의하여 시험의 일부 혹은 전부를 중지시킬 수 있다.
② 임상시험 의뢰자는 안전성 혹은 관리상의 이유로 임상시험의 일부 혹은 전부를 중지시킬 수 있다.

(2) 시험중지의 처리

① 임상시험이 중지된 경우 임상시험 책임자는 중지된 시점까지 진행된 피험자에 대한 증례기록지, 임상시험 진행현황 및 결과를 정리하여 임상시험 의뢰자에게 전달하며 모든 시험관련 자료(완성, 미완성 혹은 미기재된 증례기록지 및 시험물질 및 investigator' s brochure 등)를 임상시험 의뢰자에게 반납한다.

② 임상시험이 중지된 경우 임상시험 책임자는 시험중지 사실을 중지사유와 함께 IRB에서 서면으로 통보한다.

(3) 피험자의 중도탈락 기준

① 피험자가 시험물질 투여의 중단을 요구한 경우

② 심각한 부작용이 발생한 경우

③ 환자가 시험도중 내원하지 않은 경우

④ 시험도중 시험계획서상 위반되는 복용법을 실시한 경우

⑤ 기타 담당의사 또는 관리자가 판단했을 때 시험지속이 곤란하다고 판단되는 경우(피험자의 임신 등)

(4) 피험자의 중도탈락 처리

① 중도탈락일 경우 대상자의 시험을 중지하고 시험중지일 이유, 처치 및 임상증상에 대한 소견을 증례기록지에 기재한다.

② 시험도중에 피험자가 방문하지 않는 경우 혹은 피험자의 방문이 명확하게 불규칙한 경우에는 편지, 전화 등에 의해 피험자의 건재 여부를 확인하고 그 이유를 분명하게 한다.

6) 효과 평가기준, 평가방법 및 해석방법(통계분석 방법)

(1) 유효성 평가 대상

임상계획서의 위반과는 상관없이 환자의 선정/제외 기준에 적합하여 본 임상시험의 피험자로 무작위 배정된 환자들을 대상으로 하는 Intention-to-treat analysis를 원칙으로 하나 계획서에 따라 시험을 완료한 피험자를 대상으로 하는 Per-protocol analysis도 하여 그 결과를 비교한다. 이 때 시험완료된 피험자에 대한 정의는 선정/제외 기준에 적합하여 임상시험의 피험자로 무작위 배정된 환자들 중 금지된 약물의 복용이 없었고, 계획서의 중대한 위반없이

투여해야 할 물질의 적어도 75% 이상을 복용하였으며 마지막 방문까지 관찰이 이루어진 환자를 말한다.

(2) 유효성 평가기준(예시)

① 시험물질 투여군이 대조군에 비해 초음파 검사상 normal, fatty liver(mild, moderate, severe)를 각각 0, 1, 2, 3으로 scoring하여 개선효과를 비교한다.

② 시험물질 투여군이 대조군에 비해 혈청 AST 또는 ALT 활성도 감소비율이 유의적임을 검정한다.

(3) 통계분석방법(예시 : 인구통계학적 기초자료)

본 임상에 포함된 모든 환자의 자료를 각 치료군별로 평가하여 연속형 자료는 평균, 표준편차, 최소, 최대치 등을 구하고 범주형 자료의 경우는 절대 및 상대빈도를 구한다.

두 시험군간의 인구 통계학적 자료를 비교 평가한다. 연속형 변수는 시험군과 시험기관별로 ANOVA에 의해 비교한다. 범주형 변수는 시험군과 시험기관별로 Mantel-Haenszel test를 이용하여 비교한다. 만일 두 군간의 유의한 차이가 인정되면 치료군간의 이질성을 보존하기 위해 유효성 분석에서 공분산분석 등을 실시한다.

7) 안전성의 평가기준, 평가방법 및 보고방법

(1) 정의

① 이상반응

바람직하지 않거나, 기대하지 않았던 신체구조상 · 기능상 · 화학적 변화 또는 기존상태의 악화가 시험물질투여 후에 나타난 것으로서 임상시험용 물질을 투여한 것과 반드시 인과론적으로 연관을 가져야 하는 것은 아니다.

② 중대한 이상반응(Serious adverse events)

· 사망
· 생명에 위협을 주는 경우
· 입원을 요하거나 기존의 입원기간을 연장시키는 경우
· 지속적 또는 중요한 불구/무능한 상태를 초래하는 경우
· 시험물질 복용 피험자의 자손에서 선천적인 이상이 나타난 경우
· 암

(2) 평가대상

임상시험용 물질을 한 번이라도 투여받은 피험자는 모두 안전성 평가에 포함시킨다.

(3) 평가기준 및 방법

① 피험자의 baseline 또는 시험 전 상태와의 변화가 임상적으로 유의성이 있을 때 임상시험의 기인여부에 관계없이 일단 기록한다.

② 비교 임상시험 : 신체검사 및 임상검사를 기초로 하여 투여군별 부작용 발생건수는 two-sample t-test를 이용하여, 한 건 이상 부작용이 발생한 피험자비율은 비율차 검정 등의 통계적 방법을 이용하여 비교, 평가하여 군내에서 부작용 발생건수의 95% 신뢰구간을 구한다.

(4) 이상반응 발생에 대한 대책

① 이상반응이 발생하였을 경우 피험자는 연구자에게 이를 보고하며 연구자는 전시험기간 동안 부작용의 발현시작, 그 정도, 소멸시간을 증례기록지와 피험자의 차트에 기록한다.
적절한 처치가 필요한 경우 전문의의 검진과 치료를 통하여 곧 회복되도록 하며 그 결과를 증례기록지와 피험자의 챠트에 기록한다.

② 임상시험연구자는 사용상의 주의사항을 숙지하여 주의깊게 관찰하고 신체진찰을 시행하여 이상여부를 평가한다.

③ 시험도중에 검사를 받기 위해 방문할 때마다 피험자가 문제점을 호소할 시간을 가진 후 연구자는 다음과 같은 질문으로 이상반응의 발생유무에 대하여 조사해야 한다.

· 지난번 방문 이후 의학적으로 어떤 새로운 문제가 있습니까?

· 지난번 방문 이후 본 시험에서 주어진 시험물질 이외에 다른 약물을 복용하신 적이 있습니까?

④ 이상반응을 경험한 모든 피험자에 대해서는 증상이 가라앉고 비정상적 임상검상치가 정상치로 회복되거나, 혹은 관찰된 변화에 대한 충분한 설명이 될 때까지 모니터 해야 한다.

⑤ 시험담당자는 시험기간중에 발생한 모든 중대한 이상반응에 대해 임상시험용 물질과의 인과관계에 상관없이 발생 후 24시간 이내에 연구책임자 및 관리 담당자에게 보고하며, 전화보고 후에 문제의 이상반응에 대한 상세한 정보를 서면으로 보고해야 한다.

⑥ 시험종료 후 발생한 이상반응이라도 시험물질 투여에 기인한 것으로 여겨지는 이상 반응은 상기한 절차에 따라 보고해야 한다.

(5) 판정기준

이상반응의 정도 및 관련성은 다음의 구분으로 판정된다.

표 2-2 안전성의 판정기준

<table>
<tr><td rowspan="3">중증도</td><td>1. 경도(Mild)</td><td>이상반응은 있지만 일상생활에 지장을 주지않고 진행할 수 있는 정도</td></tr>
<tr><td>2. 중등도(Moderate)</td><td>이상반응 때문에 일상생활에 불편함이 있고 치료를 필요로 하는 정도</td></tr>
<tr><td>3. 중증(Servere)</td><td>이상반응 때문에 일상생활을 수행하지 못하고, 시험용 물질의 투여를 중지해야 하는 정도</td></tr>
<tr><td rowspan="2">시험물질 투여변경</td><td colspan="2">1. 투여 계속</td></tr>
<tr><td colspan="2">2. 투여 중지</td></tr>
<tr><td rowspan="2">치료 여부</td><td colspan="2">1. 아니요</td></tr>
<tr><td colspan="2">2. 예(→ 치료내용 기재)</td></tr>
<tr><td rowspan="5">인과 관계</td><td colspan="2">명확히 관련이 있음 (definitely related) : 이상반응과 시험물질 투여 시점 사이에 시간적 관련이 있고, 투여를 중지하면 완화되고 재투여하면 다시 나타나며 이미 알려진 이상반응과 일관된 양상을 보이는 경우</td></tr>
<tr><td colspan="2">관련이 있다고 생각됨 (probably related) : 이상반응의 발현과 시험물질 투여 시점상의 연관성이 있고, 투여 중지로 이상반응이 완화되며, 다른 이유보다 시험물질 투여에 의해 더욱 개연성 있게 설명되는 경우</td></tr>
<tr><td colspan="2">관련이 있을 가능성 있음 (possibly related) : 이상반응의 발현과 시험물질 투여 시점상의 연관성은 있으나 시험물질에 기인함이 다른 가능성 있는 원인들과 같은 수준인 경우</td></tr>
<tr><td colspan="2">관련이 없다고 생각됨 (probably not related) : 이상반응에 대해 시험물질보다 가능성 있는 다른 원인이 있으며, 투여중지나 재추터 등으로 인해 그 결과가 변하지 않거나 모호한 경우</td></tr>
<tr><td colspan="2">모르겠음 (unknow) : 이상반응과 시험물질과의 연관성을 알수 없는 경우</td></tr>
<tr><td>결과</td><td colspan="2">1. 휴유증 없이 해결
2. 휴유증 있으나 해결
3. 해결되지 않음
4. 사망
5. 미상</td></tr>
</table>

8) 피험자의 동의서 양식

본 시험 시작 전 연구자는 본 시험에 대한 설명을 하고, 환자로부터 본 시험 참여에 대한 서면동의를 받아야 한다.

연구제목 : 시험물질이 간질환 개선에 미치는 영향평가 시험

① 임상시험의 목적

간기능 개선 시험 : 지방간 환자를 대상으로 시험물질을 12주간 투여한 후 간기능 개선정도를 초음파검사와 혈액 생화학 지표로 평가한다.

② 연구방법

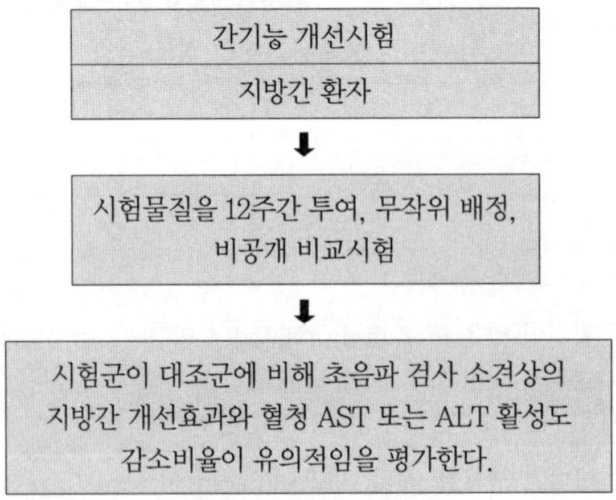

그림 2-1 연구방법도표

③ 예측되는 효능, 효과 : 본 과제에서 연구 개발하고자 하는 농산물 소재 간기능 개선용 기능성 식품성분은 지방간에 대한 개선효과가 예상된다. Flavonoid 계열인 Silymarin(flavonoid silibinin)이 이미 간세포 보호기능에 일부 효과가 있는 것으로 밝혀져 간질환 치료제로서 사용되고 있으나, 그 원료가 모두 수입되고 있는 상황이다. 간세포 보호용 기능성 식품은 간염 자체의 치료약제로서는 효능이 적지만, 과도한 간손상을 방지하거나 간경변증으로 이행되는 것을 지연시키거나 혹은 간암발생을 예방하는 등 종래의 치료개념과는 다른 관점에서 장기간 지속적으로 복용할 수 있다. 농산물 소재의 본 시험물질은 그러한 관점과 부합하는 성분으로 성공적으로 개발될 수 있을 것으로 전망되며, 이러한 활성성분의 산업화는 보다 용이하게 전개될 수 있을 경우로 전망한다.

④ 부작용 및 환자의 안전성에 대한 배려 : 본 연구의 시험물질(화학물질명 표시)은 미국 식품의약청에 의해 "generally recognized as safe(GRAS)"로 분류되어 현재 식품첨가물로 사용되며, 보고된 부작용은 아직까지 없다.
연구기간 중 의료진은 환자의 안전에 만전을 기할 것이며, 예측가능한 이상반응을 포함한 심각한 이상반응 발생시는 신속하고 적절한 조치를 취하여 가능한 그 이상반응을 최소화 할 것이며, 본 시험에 의해 피해가 발생했을 경우에는 임상시험 의뢰자가 피해자 보상규약에 규정된 보상절차에 의해 피해보상일 것이다.

⑤ 자발적 참여 : 본 시험에 참가하는 것은 자의이며 환자 자신이 자발적으로 참여를 결정할 수 있다. 만일 참가에 동의하지 않더라도 추후에 치료에 전혀 불이익을 받지 않는다. 연구기간 중 원할 경우 언제라도 중단할 수 있으며 중단 후라도 다음 치료에 불이익을 받지 않을 것이다.

⑥ 피험자 준수사항 : 연구의 성공을 거두기 위해서 뿐만 아니라 정확한 과학적 시험에 기여하기 위해서도 반드시 담당연구자 및 전문가의 지시를 따라 주시기 바란다.
시험기간 중에는 시험물질 이외에 여타의 약품, 항바이러스 제제, 전신 세포독성제제, 전신성부신피질 호르몬제, 생물학적 조절제, 면역조절제 등 의사와 상의하지 않은 약물을 복용해서는 안되며 기타 다른 치료를 받아서는 안된다. 만일 이러한 절차가 불가피한 경우에는 가능한 빨리 담당자 및 전문가에게 알려야 한다. 또한, 시험물질 복용 후 매방문시 마다 빈 용기나 미복용한 시험물질은 반납해 주시고 시험물질 이외의 약물을 다른 의사로부터 처방받거나 약국에서 구입한 경우, 시험물질 투여를 중단한 경우, 시험도중 부작용이 의심되거나 본 시험과 관련된 손상이 나타날 경우에는 즉시 담당자에게 알려주시기 바란다.

⑦ 비밀보장 : 본 시험에 참여한 피험자의 비밀은 보장되며 다만, 학문적인 목적에 의해서만 피험자의 신원이 밝혀지지 않게 열람되고 연구될 것이다.

9) 피험자의 안전보호에 관한 대책

본 임상시험은 헬싱키 선언에 입각하여 환자의 권리와 복지에 기초를 둔 것으로 임상시험에 들어가기 전에 피험자에게 시험 내용 및 예측되는 효과, 이상반응 및 안전성에 관한 모든 사항을 환자가 이해할 수 있는 언어로 충분히 설명하여 자발적인 동의를 받은 후 임상시험에 들어간다.

(1) 임상시험실시기관

본 시험계획서에 규정된 대로 일상시험이 적절히 진행될 수 있도록 임상시험에 필요한 설비와 전문인력을 갖추고 피험자의 안전보호에 만전을 기하도록 한다.

(2) 이상반응 발생시 조치

이상반응 발생시 즉시 내원하여 임상시험연구자로부터 필요한 검사 및 치료를 받을 수 있도록 관리하며, 증상이 소멸될 때까지 follow-up하도록 한다. 임상시험 중 중대한 이상반응 발생시 임상시험책임자, 임상시험담당자, 임상시험심사위원회, 의뢰자의 임무는 다음과 같다.

① 임상시험책임자의 임무

임상시험책임자는 임상시험 중 중대한 이상반응이 발생한 때에는 즉시 임상시험위원회 및 임상시험 의뢰자에게 보고하고 별도의 지시가 있을 때까지 해당 시험물질에 대한 임상시험의 일부 또는 전부를 중지하여야 한다.

② 임상시험담당자의 의무

담당자는 계획서에 명시된 예측 이상반응 및 사용상의 주의사항 등에 대하여 사전에 숙지하고 임상시험실시중에 중대한 이상반응 등이 발생한 경우에는 즉시 임상시험책임자 및 임상시험 의뢰자에게 보고해야 한다.

③ 임상시험심사위원회의 임무

임상시험심사위원회는 중대한 이상반응이 나타난 경우에는 임상시험의 일부 또는 전부에 대하여 중지명령 등 필요한 조치를 임상시험책임자에게 하여야 한다.

④ 의뢰자의 임무

의뢰자는 임상시험책임자 또는 임상시험담당자로부터 중대한 이상반응을 보고받은 경우 이상반응보고서에 임상시험책임자 또는 임상시험담당자로부터 제출받은 보고서 사본을 첨부하여 즉시 식품의약품안전청에 제출하여야 한다.

(3) 임상시험용 의약품 및 식품

① 임상시험용 의약품은 임상시험연구자의 처방에 의해서만 투약될 수 있으며, 조제된 시험물질은 투여직전 확인하고 임상시험 이외의 목적으로 사용하여서는 아니된다.

② 의뢰자는 임상시험용 물질을 임상시험책임자와 협의하여 직접 관리약사에게 교부하여야 하며, 인수증을 받아 보관하여야 한다.

③ 의뢰자는 임상시험의 중지 및 종료 또는 임상시험연구자가 계획서에 따라 시험을 실시하지 않은 경우 미사용 임상시험물질을 폐기하여야 한다.

④ 피험자는 사용하지 않고 남아있는 모든 시험물질의 수량을 연구자에게 알려 기록하고 남아 있는 모든 시험물질을 관리약사에게 반납한다. 관리약사는 임상시험책임자와 협의 후 미사용 임상시험용물질을 의뢰자에게 반납하고 반납증을 보존하여야 한다.

대조군 및 시험군에게 투여되는 임상시험용 물질은 다음의 사항을 기재하여 실시기관측에 공급된다.

· "임상시험용"이라는 표시
· 제품의 코드명 또는 주성분의 일반명
· 시험물질 제조번호 및 사용기한
· 시험물질 제조업자의 상호
· 저장방법
· 배정번호
· "임상시험 외의 목적으로 사용할 수 없음"이라는 표시
· 예측 효능 · 효과

⑤ 임상 시험용 시험물질에 대한 맹검 및 맹검의 해제

· 의뢰자는 각 피험자의 시험군이 적혀 있는 봉합된 봉투를 연구자에게 지급하고 무작위 배정계획은 의뢰자가 보관한다. 연구자에게 지급된 봉투와 의뢰자가 보관하는 무작위 배정계획은 응급상황을 제외하고는 봉합된 상태로 유지되어야 한다. 만일 피험자의 안전에 관련된 응급상황이 발생할 경우, 연구자는 즉시 의뢰자에게 알려야 하나, 즉각적인 연락이 불가능한 경우에 연구자는 해당 피험자의 무작위 배정 계획이 들어 있는 봉투를 개봉하여 피험자가 배정된 시험군을 확인할 수 있다. 이 때, 연구자는 피험자의 투여군을 확인하는 즉시 의뢰자에게 개봉 사실을 알려야 한다. 본 임상시험이 종료되면 연구자는 개봉여부에 관계없이 모든 봉투를 의뢰자에게 반납한다.

· 피험자 및 연구자는 마지막 피보험자가 완전히 연구물질 투여를 끝낼 때까지 각 피험자의 치료물질 배정에 대하여 맹검 상태로 있어야 한다. 피험자에게 심각한 이상반응이 발생한 경우에 한하여 연구자와 의뢰자가 피험자

의 권익과 안전을 위하여 반드시 필요하다고 판단하는 경우에만 맹검을 해제할 수 있다.

10) 기타 시험을 안전하고 과학적으로 실시하기 위해 필요한 상황

① 임상시험연구자와 시험의뢰자는 협의를 통해서 본 시험계획서의 내용을 변경해야 한다.

② 임상시험계획서의 변경/수정사항은 임상시험심사위원회의 승인을 받은 후 모든 피험자에게 적용한다.

3 시료의 수집 및 분석

피험자로부터 혈액 또는 뇨를 수집할 시는 의료 전문가의 도움을 받아야 하며 수집한 생체 시료의 분석은 임상시험의 종류에 따라 다양하게 분석된다. 일반적으로 혈액 또는 뇨를 이용하여 필요한 분석 자료를 얻을 수 있는데, 최근에는 자동분석기를 이용하여 대량시료를 신속히 분석할 수 있으며 임상분석실에 의뢰할 수 있다. 이러한 시설의 이용이 어렵거나 특정한 지표분석이 필요한 경우엔 본 영양실험서에 제시된 혈액과 뇨를 이용한 다양한 시료분석방법의 사용을 권장한다.

인체를 대상으로 한 실험에서는 설문조사와 함께 신체계측, 식이섭취조사 및 활동량 조사 등을 실시하여 결과 해석시 참고하도록 한다.

1) 식이섭취 조사서 작성방법

1. 음식 섭취시 가능한 밥(공기), 국, 찌개(대접)가 그릇에서 어느 정도인가 확인하고 부식을 다른 접시에 따로 담아 섭취함으로써 눈대중치를 정확히 하여 3일 연속 섭취한 주식과 부식, 간식의 음식명, 눈대중치, 재료, 분량을 쓴다.
2. 음식명 기입시 주식(밥) - 부식(국, 찌개-단백질 부식-채소류- 등등) 순으로 쓴다.
3. 눈대중 또는 표준치를 기술한 것이므로 당신이 섭취한 양과 다를 수 있습니다. 당신이 섭취한 양과 가장 가까운 근사치 값을 써주십시오.

표 2-3 식이섭취 조사서 작성방법

이름 :		조사일 : ________ 년 ___ 월 ___ 일			
구분	음식명	눈대중량	식품명	섭취량	식품 코드
아침	토스트	2쪽	식빵	90g	
			딸기잼	10g	
			버터	5g	
	우유	1컵	우유	200ml	
간식					
점심	콩나물밥	한그릇	백미		
			콩나물(삶은 것)		
			소금		
			간장		
			파		
			마늘		
			깨소금		
			참기름		
	배추김치	반접시	배추		
			생강		
			새우젓(멸치젓)		
			마늘		
			파		
간식	붕어빵	2개	밀가루		
			찹쌀		
			팥		
			기름		
			소금		
저녁					
간식					

표 2-4 식이섭취 조사표

_______ 년 ___ 월 ___ 일 ___ 요일　이름: ______________ 학번 : __________________

식사	음식명	재료명	섭취량	비고
아침				
간식				
점심				
간식				
저녁				
야식				

2) CAN-pro 사용방법

식단작성 시 또는 영양평가 시 활용하 수 있는 프로그램이다.

CAN-Pro 2를 컴퓨터에 설치한다.

1. CAN-Pro 2 CD를 D(E) drive에 넣는다.
2. 내 컴퓨터에서 D(E) drive를 클릭
3. CAN-Pro 2 Install 클릭
4. NEXT (5회)
5. Finish 클릭 (완료)

CAN-Pro 2에서 식단을 작성한다.

1. 바탕화면에 CAN-Pro 2 클릭
2. 그룹선택(새그룹 추가/ 학년)
3. 24시간 회상법 클릭
4. 사용자 선택(사용자 추가)- 추가 후 닫기
5. 사용자 선택에서 입력된 이름 클릭
6. 날자 입력(저장된 데이터 확인)- 날자 설정
7. 우측 상단 검색어 클릭
8. 음식명 입력
9. 음식명 더블 클릭
10. 자료 확인 - 섭취율 수정
11. 왼편으로 보냄 또는 복사
12. 아침, 점심, 저녁 순으로 입력
13. 또는 밥, 국, 주찬, 부찬 등의 순으로 입력할 수 있다.
14. 권장량 대비율 확인 후 수정
15. 프린트 원하면 Ctrl C- 한글에서 Ctrl V로 붙인 후 출력 가능
16. 오른쪽 하단 컨설트 화면은 상담 시 활용 가능
17. 컨설 트 화면도 복사 출력 가능.

3) 에너지 필요량 계산

① 에너지 개요

신체가 필요로 하는 에너지는 우리가 섭취하는 식품을 통해서 얻어진다. 식품에 함유된 탄수화물(당질), 지질, 단백질 등의 유기 화합물들이 신체 내에서 대사하여 발생하는 것이 에너지이며, 열에너지로서 측정할 수 있어 에너지 대사 또는 열량 대사록 부른다.

우리가 사용하는 에너지는 태양으로부터 오며, 식물이 태양 에너지를 사람과 동물이 사용할 수 있는 형태로 합성한다. 충전식 건전지에 에너지를 저장하듯이 식물이 광합성으로 태양에너지를 우리가 사용할 수 있는 탄수화물(당질), 지질, 단백질 등의 화학 에너지로 저장한다. 우리는 식품에 함유된 화학에너지를 섭취하고 대사하여 열에너지와 일에너지로 사용하며 저장하기도 한다.

② 에너지 계산

㉠ 에너지의 단위

에너지의 단위는 주로 칼로리(Calorie)와 주울(Joule)이 주로 사용되며, 영양학에서는 칼로리를 주로 사용하는데 1칼로리(Kcal)는 물 1kg을 15℃에서 16℃로 1℃ 상승시키는데 필요되는 열량을 말한다. 일반적으로 영양학에서는 대단위인 Kilocalorie를 사용하며 kcal, Kcal 또는 Calorie 등으로 표시한다.

㉡ 식품의 열량 측정법

식품 중에 함유되어 있는 열량의 측정은 식품이 연소될 때 발생하는 열을 측량하여 칼로리로 환산하는 폭발열량계(Bomb calorimeter) 측정법과 유기물질이 연소될 때 소모되는 산소의 양 또는 발생된 이산화탄소의 양을 정량하여 간접적으로 환산하는 옥시 칼로리미터(Oxy calorimeter)방법이 있다. 이 중 주로 폭발열량계 측정법이 많이 사용된다.

폭발열량계에서 측정되는 3애 영양소의 열량가는 당질 4.10kcal/g, 지질 9.45kcal/g, 단백질 5.65kcal/g이지만 생체내에서는 대사과정에서 소실되어 실제적인 생리적 열량가는 당질 4kcal/g, 지질 9kcal/g, 단백질 4kcal/g이다.

※ 식품의 열량가 계산

【예1】 밥 1공기(210g)
영양소 구성 : 당질(68.9g), 지질(0.2g), 단백질(6.3g) 함유
밥 1공기 섭취 시 얻어지는 열량은?
(68.9×4), 지질(0.2×9), 단백질(6.3×4) = 302.6kcal

【예2】 사과 100g(1회 분량)
영양소 구성 : 당질(15.3g), 지질(0.1g), 단백질(0.3g) 함유
사과 100g 섭취 시 얻어지는 열량은?

ⓒ 신체의 에너지 필요량 계산

신체가 필요로 하는 에너지를 측정하기 위해 기본적으로 기초대사량, 활동대사량 그리고 식품의 특이동적 작용에 의한 대사량이 필요하다.

■ 기초대사량

인체가 생명현상을 유지하기 위해 필요한 최소한 에너지를 기초대사량(BMR : basal metabolic rate)이라 한다. 주로 생명체의 기본 활동인 호흡작용, 혈액순환, 배설작용, 근육의 긴장 등의 불수의적 활동대사에 필요한 열량을 말하며, 식품의 소화, 흡수 및 근육활동에 필요되는 열량은 제외한다.

기초대사량의 측정은 식후 적어도 12시간이 지난 후 혹은 아침 식사 전의 공복상태에서 감정적인 흥분이나 걱정이 전혀 없는 즉 육체적으로 정신적으로 편안한 휴식 상태를 유지하며 표준화된 온도에서 측정한다.

기초대사량은 체표면적, 나이, 임신, 영양상태, 성별, 체구성 성분, 호로몬 상태, 체온, 기후 등에 의해서도 영향을 받는다. 기초대사량은 생후 2년까지 높다가 2년 후 감소되며 영양저하, 체지방량 증가, 여성, 수면, 티록신 분비 저하, 여름 등의 조건에서 감소하며 임신, 근육조직 증가, 남성, 체표면적 증가 에피네프린 증가, 체온, 상승, 겨울 등의 조건에서 증가한다.

■ 활동을 위한 에너지 소모량

활동을 위한 에너지 소모량(TEE : thermic effect of exercise)은 에너지 요구량 중 기초대사량 다음으로 많은 양을 차지하며 주로 의식적 근육활동에 필요한 에너지를 말한다.

■ 식품의 특이 동적 작용

식품의 특이 동적 작용(SDA : specific dynamic action)은 식품을 섭취한 직 후 식품을 소화하거나 흡수, 대사, 이동, 저장 등을 위해 필요한 에너지를 말한다. 식사를 하면 신체는 열이 나면서 체온이 증가하는 듯한 느낌을 갖게 되는데 이는 식품이용을 위한 에너지 소모에 의해 발생된 열 때문으로 식품이용을 위한 에너지 소모량(TEF : thermic effect of food)이라고도 한다. 즉 식품 섭취 시 식품의 열량가를 완전히 공급받지 못하고 대사 과정에서 세금과 같이 공제되는 열량을 말한다. 식품의 특이 동적 작용에 의한 대사량은 식품 구성에 따라 당질 6%, 지질 4% 그리고 단백질 30% 정도 증가되며 균형식의 경우 총열량의 10% 정도에 해당된다.

㉣ 인체의 에너지 필요량 측정법

인체의 에너지 필요량 측정법에는 직접 측정법과 간접 측정법이 있다. 직접 에너지 측정법은 사람을 완전히 절연된 공간 안에 있게 하면 에너지를 방출하게 하므로 방 주위의 물 온도를 상승시키고 이 온도 차를 측정함으로 신체에서 발산되는 에너지를 구하는 방법이다. 간접 에너지 측정법은 호흡시 소모되는 산소의 양이나 배출되는 이산화탄소의 양을 측정해 간접적으로 에너지 소모량을 계산하는 방법이다. 직접 에너지 측정법은 특수 설비가 필요하며 비용이 많이 들고 복잡하기에 사용하는 경우는 드물다. 요즈음은 아래와 같이 활동 등급에 따라 활동 시간과 수면 시간 등을 고려하여 간편하게 계산하는 방법으로 필요량을 계산한다. 자신의 에너지 필요량을 계산해 보자.

1. 신체의 1일 에너지 필요량 계산

【예1】 체중이 50kg이고 가벼운 노동(활동 등급 C : 0.79)을 하며 8시간 수면하는 여자의 1일 총 에너지 필요량은?

1. 24시간 동안의 기초대사량(a-b. A)	1,040kcal
기초대사량(a) — 0.9×50×24 = 1,080	
수면에 의한 공제(b) — 0.1×50×8 = 40	
2. 활동대사량(B) — 0.79×50×16 = 632	632kcal
3. 식품의 특이동적 작용에 의한 대사량(A+B의 10%, C)	167kcal
4. 1일 총 에너지 필요량(A+B+C)	1,839kcal
— 1,040+632+167 = 1,839	

【예2】 자신의 1일 총 에너지 필요량 구하기
성별(남, 녀), 체중 (　　)kg, 활동량

1. 24시간 동안의 기초대사량(a-b, A)	kcal
기초대사량(a)	
수면에 의한 공제(b)	
2. 활동대사량(B)	kcal
3. 식품의 특이동적 작용에 의한 대사량(A+B의 10%, C)	kcal
4. 1일 총 에너지 필요량(A+B+C))	kcal

표 2-5 1일 각종 활동대사량

등급	활동상태	㎉/kg/hr
A	하루 종일 휴식하고 있는 상태 (주로 앉아서 독서, 바느질, 약간 산보하거나 서 있는 종류)	0.50
B	아주 가벼운 활동 (주로 앉아서 하루종일 일하거나, 약 2시간 정도 걷거나 서 있는 종류)	0.59
C	가벼운 활동 (앉아서 타이프 치고, 실험실 등에 서 있거나, 걸어 다니는 일의 종류)	0.79
D	중간 활동 (서 있거나 걸어다니면서 집안 일을 주로 하고, 때때로 마당 손질하기)	1.10
E	심한 활동 (서 있거나, 걷거나 운동, 춤 등의 활동, 별로 앉아 있지 않는 상태)	1.69
F	격심한 활동 (심한 운동으로 수영, 테니스, 농구, 배구, 달리기 등 운동을 많이 하는 사람)	2.40

그림 2-2 식빵 한장을 모두 소모하려면...

그림 2-3 100kcal 소모하기

표 2-6 1일 활동 조사표

_______ 년 ___ 월 ___ 일 ___ 요일   이름: ______________ 학번 : _________________

시각	활동상태	활동시간	시각	활동상태	활동시간

표 2-7 활동에 따른 소비 에너지 ___________ Kal

________ 년 __ 월 __ 일 __ 요일 이름: ______________ 학번 : __________________

1) 체력측정

성 별			상완위(cm)		
연 령			Step test		
신장(cm)			Bmi(kg/m²))		
체중(kg)			Elbow Breadth(mm)		
병명(있는 경우)			Wrist circumference		
혈압(mmHg)			Waist-Hip Ratio		
피하지방	supra		Body Fat (%)	Skinfold	
	thigh			원주둘레	
	triceps			B.I.A	
AMC(cm)			AMA(mm²)		

2) 식이섭취조사

식습관조사	16~20점	11~15점	6~10점	0~5점
식단진단	75점 이상	74~50점	50점 이하	
식생활간이진단	__________ 점			

※ 식이섭취조사는 영양판정 교재의 부록(1-2)을 참조한다. p.195~199

3) 생화학적 조사

Hemoglobin(g/dl)			Hematocrit(%)	
GOT(효소단위)			GPT(효소단위)	
Blood Urea Nitrogen			Serum Cholesterol(mg/dl)	
Serum Protein	Albumin		Ascorbic Acid Saturation Test	
	Globulin			

4) 활동에 따른 소비에너지

1일	kcal

4) 신체계측

표 2-8 신체계측표

판서내용	준비물
1. 체위측정 1) 신장 2) 체중 ① 체중 변화량 ② 이상적인 체중 3) 신장과 체중을 이용한 판정 ① 체질량지수(Quetlet's index, BMI)	신장, 체중측정 - 신장체중계
2. Frame size 1) 팔꿈치 넓이(elbow breadth) 2) 손목둘레(wrist circumference)	sliding Caliper 줄자(조별 준비물로~~!!)
3. Body Fat - 줄자 1) 피부두겹두께에 의한 체지방 측정 2) 허리 - 엉덩이 둘레 비율 3) 신체둘레에 의한 체지방량 4) BIA(Bioelectrical Impedence Analysis)	Caliper 줄자 줄자(복부, 오른쪽 허벅지와 전완) 체지방측정기
4. Arm muscle circumference 1) 상완위 2) 상완위근육둘레(상완위, 삼두근피부두겹두께) 3) 상완위근육면적(상완위, 삼두근피부두겹두께)	줄자 줄자, caliper 줄자, caliper
5. 체력판정(Step test)	stop watch, 나무판
6. 혈압측정 - 혈압계	전자혈압계(작동가능한지 확인, 건전지) 수동혈압계, 청진기(사용방법 알려주기)

※ 1일 활동조사표, 활동기록표, 식이섭취조사표(24시간 회상) 가각 1부씩 배부 - B4크기의 프린트물

구성

- 1조 : 신장체중, BMI
- 2조/3조 : Caliper
- 4조 : Step test(계단에서)
- 5조: 혈압계

※ BMI - body fat(%), total body water(kg), LBM(kg), total body water(kg)

모든 예비실험은 적어도 1주일전에... 예비실험은 원칙상 반드시 정확한 실험이 되어야겠다. 그리고 시약 급하게 주문하지 않도록 한다.

〈보고서 작성용〉

〈보고서 작성용〉

〈보고서 작성용〉

5) 설문조사

※ 설문지 번호 : ________________

이 름			
성 별	남( ) 여( )		
생년월일	년 월 일		
주 소			
연 락 처	전화 : 핸드폰 :		
신 장	cm	체중	kg

■ 다음은 식생활에 관한 조사입니다.

1. 얼마나 자주 식사를 하십니까?
   (해당하는 항목에 ∨표를 해 주세요)

	매일 먹음	주 5~6회	주 3~4회	주 1~2회	먹지 않음
아침					
점심					
저녁					
간식					

2. 식사를 거르는 이유는 무엇입니ㄲ?
   - ☐ ① 시간이 부족해서
   - ☐ ② 체중조절 때문에
   - ☐ ③ 소화가 안되서
   - ☐ ④ 밥맛이 없어서
   - ☐ ⑤ 습관적으로

3. 우유(흰우유, 초코, 딸기 등 모든 종류의 우유 포함)를 마십니까?
   - ☐ ① 예
     (마셔온 기간 ___________ 년,
     1주일 평균 섭취량(200ml 1팩) _______ 개)
   - ☐ ② 아니오

4. 커피를 마십니까?
   - ☐ ① 예
     (마셔온 기간 ___________ 년,
     1주일 평균 섭취량 _______ 잔)
   - ☐ ② 아니오

5. 콜라, 사이다, 환타 등의 탄산음료를 마십니까?
   - ☐ ① 예
     (마셔온 기간 ___________ 년,
     1주일 평균 섭취량(200cc 1팩) _______ 컵)
   - ☐ ② 아니오

■ 다음은 체형에 관한 조사입니다.

6. 체중조절을 한 경험이 있습니까?
   - ☐ ① 있다
     (방법 : ☐ 식사조절, ☐ 운동, ☐ 약물복용)
   - ☐ ② 없다

7. 체중조절의 경험이 있다면 다음의 어느 경우입니까?
   ☐ ① 체중증가　　☐ ② 체중감소

8. 자신의 체형에 얼마나 만족합니까?
   - ☐ ① 매우 만족한다
   - ☐ ② 만족한다
   - ☐ ③ 그저 그렇다
   - ☐ ④ 만족스럽지 못하다
   - ☐ ⑤ 매우 만족스럽지 못하다

9. 본인의 희망 체중은?
   ___________ kg

■ 다음은 음주/흡연에 관한 조사입니다.

10. 술을 마십니까?
    - ☐ ① 예
    - ☐ ② 아니오(14번으로)

11. 지금까지 술을 마셔온 기간은?
    _________ 년 또는 _________ 개월

12. 술을 일주일에 평균 몇 번 정도 마십니까?
    _________ 회

13. 술을 마신다면 일반적으로 어떤 종류의 술을 얼마나 마시는지 적어주십시오.
    종류 : _________　1회 섭취량 : _________

14. 담배를 피웁니까?

☐ ① 예

☐ ② 아니오(17번으로)

15. 담배를 피운다면 1일 평균 피우는 양은?

__________ 개피 또는 __________ 갑

16. 담배를 피운다면 흡연기간은?

__________ 년 또는 __________ 개월

■ 다음은 과거 영양상태에 관한 조사입니다.

17. 귀하께서는 영아기에 모유와 분유 중 어느 것을 먹고 자랐나요?

☐ ① 모유

☐ ② 분유

☐ ③ 모유 + 분유

18. 초 · 중 · 고등학교 시절 학교급식을 받았습니까?

	예	아니오
초등학교		
중학교		
고등학교		

■ 다음은 건강상태에 관한 조사입니다.

19. 학생은 현재 앓고 있는 질병이 있습니까?

☐ ① 예(종류 : ________________________)

☐ ② 아니오

20. 비타민제나 칼슘제를 1년 이상 정기적으로 복용한 적이 있습니까?

☐ ① 예

(종류 : ________________________

복용기간 : ________________ 년

복 용 량 : ___________ 정(알)/1일)

☐ ② 아니오

21. 뼈가 부러진 경험이 있으십니까?

☐ ① 예

(언제 : _____ 세, _____ 회, _________ 부위)

☐ ② 아니오

22. 뼈가 부러진 경험이 있다면 그 이유는?

☐ ① 교통사고, 기타사고

☐ ② 기타 ________________

23. 가족이나 친척중에 등이 굽거나 외상 없이 뼈가 부러진 사람이 있습니까?

☐ ① 예

(누구 : ________________)

☐ ② 아니오

■ 다음은 일상생활 중 활동 및 운동 상태에 관한 조사입니다.

24. 수면시간을 포함해서 하루에 몇 시간 정도 누워 계십니까?

__________ 시간 _________ 분

25. 평소 본인이 걷거나 뛰어 다니는 시간은 하루 평균 얼마 정도 입니까?

__________ 시간 _________ 분

26. 평소 규칙적으로 운동을 하고 계십니까?

☐ ① 예(27번으로)

☐ ② 아니오

27. 평소 하는 운동이 있다면,

운동종류 : ________________________

운동횟수 : ________________ 회/1주

운동 지속시간 : ____________ 분

운동을 한 기간 : ____________ 개월

6) 채혈

- 공복혈 채혈(12시간 이상 공복 후 채혈한다.)
  〈준비물 : 주사기, 헤파린, 솜, 고무줄〉

- 채혈한 혈액을 3000rpm에서 10분간 원심분리한 후 pipet으로 혈청만 분리한다.
  〈준비물 : 원심분리기, microtube, micro pipet.〉

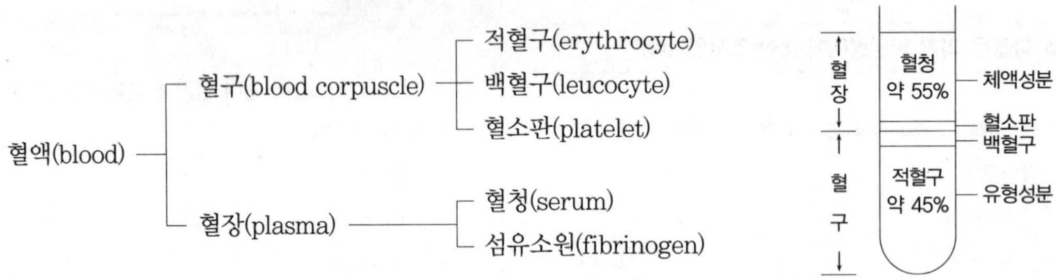

그림 2-4 혈액 성분

표 2-9 혈당 시험방법

$$\text{Glucose} + 2H_2O - O_2 \xrightarrow{\text{glucose oxidase}} \text{Gluconic acid} + H_2O_2$$

$$H_2O_2 + \text{reduced dye} \xrightarrow{\text{peroxidase}} \text{oxidized dye(colored)} + H_2O$$

시험관	1	2	3	4	5	6	7	8	9
포도당 표준용액 10mg/ml	0.00	0.05	0.15	0.20	0.25	0.50	–	–	–
H_2O(ml)	0.05	0.45	0.35	0.30	0.25	–	0.4	0.3	–
시료(ml)	–	–	–	–	–	–	0.1	0.2	0.5

표 2-10 남녀별 헤모글로빈정상치 (단위 : g/100ml)

연령	남	여
7~60세	14.9	13.6
20~50세	15.6	13.5

표 2-11 혈중 헤모글로빈 시험방법

시험관	바탕	시료	표준
헤모글로빈 시약(ml)	5.0	5.0	5.0
혈액(전혈)(ml)	–	0.02	–
H_2O(ml)	0.02	–	–
표준 헤모글로빈액(ml)	–	–	0.02

표 2-12 헤모글로빈 표준곡선

헤모글로빈(g/100ml)	540nm에서 흡광도(540nm)
0	0
5	0.15
10	0.30
15	0.45
20	0.60

표 2-13 헤마토크릿치 판정기준표

	헤마토크릿(%)	
	평균	결핍경계수준
성인 여자	41	36
성인 남자	43	38

표 2-14 기타 혈액 성분 검사방법

$$\mathrm{MCV}(\mu m^3) = \frac{\mathrm{Ht}(\%)}{\mathrm{R}(10^6/\mathrm{mm}^3)} \times 10$$

MCV 정상치 남자 : 87~110, 여자 : 87~99

$$\mathrm{TIBC}(\mu g/dl) = \frac{0.D_{시료} - 0.D_{blank}}{0.D_{표준물질} - 0.D_{blank}} \times 400$$

$$혈장\mathrm{FE}(\mu g/dl) = \frac{0.D_{시료} - 0.D_{blank}}{0.D_{철표준액} - 0.D_{blank}} \times 200$$

7) 뇨의 pH 적정산도

(1) 실험 일자 : 년 월 일 ( )

(2) 이론

각 조원들의 신선뇨를 가지고 리트머스 종이의 변화한 색깔과 NaOH 적정을 이용하여 뇨의 산도에 대해 알아 보고 비교해 보자.

뇨 즉 소변은 체내에 섭취된 진액이 사용되고 남아 밖으로 배출된 여분이다. 통상 정상적인 소변의 색깔은 무색에 가까워야 한다. 쌀뜨물 같은 혼탁한 침전물이 없어야 한다. 소변의 양이나 배뇨간격도 중요하지만 단순히 소변색깔을 관찰하는 것만으로도 여러 가지 체내 정보를 알 수 있다.

우리는 리트머스 종이를 이용한 pH 확인과 NaOH 적정을 통해 뇨의 산을 측정하여 우리 몸에 산성도는 어느 정도인지 알아 볼 것이다.

(3) 시약 및 기구

0.1N NaOH, Potassium oxalate, 1% Phenolphtalein, 각 조원들의 뇨 (25ml×5), pipette, 스포이드, 뷰렛

(4) 실험과정

1) 각 조원들의 뇨를 리트머스 종이에 묻혀 색깔 변화를 관찰한다.
2) 각 조원들의 뇨 중 25ml에 5g의 potassium oxalate와 1% phenolphtalein 용액 1~2방울을 가하고잘 섞는다.
3) 0.1N NaOH로 적정한다.
4) NaOH 적정량을 가지고 다음과 같이 계산한 후 산도를 알아본다.
   1000/25×NaOH 소비량(ml)

표 2-15 크레아티닌 판정기준

남자		여자	
키(cm)	크레아티닌(mg)	키(cm)	크레아티닌(mg)
157.5	1288	147.3	830
160.0	1325	149.9	851
162.6	1359	152.4	875
165.1	1386	154.9	900
167.6	1426	157.5	925
170.2	1467	160.0	949
172.7	1513	162.6	977
175.3	1555	165.1	1006
177.8	1596	167.6	1044
180.3	1642	170.2	1076
182.9	1691	172.7	1109
185.4	1739	175.3	1141
188.0	1785	177.8	1174
190.5	1831	180.3	1206
193.0	1891	182.9	1240

$$\text{CHI}(\%) = \frac{\text{24시간 뇨 크레아티니 측정량}}{\text{키에 대한 이상적 24시간 뇨 크에아티닌 배설량}} \times 100$$

표 2-16 크레아티닌 실험방법

시험관	1	2	3	4	5	6	7
크레아티닌 표준액(ml)	0.01	0.02	0.05	0.075	0.0	–	–
0.1N HCI(ml)	0.09	0.08	0.05	0.025	–	–	–
증류수(ml)	–	–	–	–	–	0.1	0.05
뇨(ml)	–	–	–	–	–	–	0.05

표 2-17 소년의 리보플라빈 배설량을 이용한 비타민 B_2 영양상태 평가

(단위 : μg/크레아티닌 g)

대상	결핍정도		양호함
	결핍	한계수준	
1~3세	< 150	150~499	≥500
4~6세	< 100	100~299	≥300
7~9세	< 85	85~269	≥270
10~15세	< 70	70~199	≥200
성인	< 27	27~79	≥80
임신2기	< 39	39~119	≥120
임신3기	< 30	30~89	≥90
성인(μg/24시간 소변)	< 40	40~119	≥120

〈보고서 작성용〉

〈보고서 작성용〉

〈보고서 작성용〉

제 3 절

동 물 실 험

1 동물실험의 개요

1. 동물실험의 목적

인체내의 영양상태를 관찰하기 위해서 사람을 실험대상으로 하는 경우는 시간과 장비 및 도의적인 문제가 따른다. 그래서 인간과 代謝과정이 유사한 동물들을 이용한다.

1) 동물실험의 정의 및 내용

식품속의 영양소 분석과 생화학 물질의 분석은 모두 영양학의 한 범주에 포함된다.여기서는 주로 동물을 이용하여 실험하는 방법을 살펴보고자 한다.

· 우리가 섭취하는 식품 또는 영양소가 우리들의 성장, 발육, 건강유지 또는 건강 증진에 어떤 영양을 미치는가를 동물을 사용하여 판정하는 것을 동물실험이라고 한다.

2) 근본적 목적

영양학 실험은 인간에 어떠한 영향을 미치는지 또는 질병에 어떠한 영향을 나타내는지의 여부를 알고자 하는데 그 목적이 있다.

cf. (정상동물 → 성장 결핍증세 확인 발육 과잉증
질병 model → 동물에게 질병을 인위적으로 일으킨 후 실험)

· 사람에게 접근하는 동물로 실험하여 사람에게 적용 시키려 하나 사람에게 꼭 적용되지 않으므로 계속적인 연구가 필요된다.

2. 실험동물

쥐(Rat:야생 흰쥐를 20代 순계 시킨다.), 생쥐(Mouse), 기니아피그(Guinea pig), 개, 돼지(Pig:실험용으로 축소시켜서 사육), 햄스터(Hamster), Gerril(쥐보다 큼), 침팬지, 원숭이(Monkey), 토끼(Rabbit), 닭

1) 실험동물 사용의 장점

1) 시기와 환경을 동일한 조건으로 할 수 있다.
2) 동물확보가 충분한 경우 통계적으로 처리할 수 있다.
3) 반복실험을 행할 수 있다.
4) 비교적 값이 싸다.
5) 취급이 용이하다.

2) Rat 의 특성

(1) 품종

Sprague-Dauley (SD계), Osborne-Menstl, Long-Evens, Shermen, Wistar 등 5혈통

(2) 해부적 특성

· 체중 : ♂-400g, ♀-300g 정도이며 수컷이 더 크다.
· 체지방 : 암컷이 수컷보다 체지방량이 많다.
· 앞발가락 : 4개
· 뒷발가락 : 5개
· 치아식 : 1/1 0/0 0/0 3/3
· 담낭을 가지고 있지 않다. 편도선도 없다.
· 유두 : 암컷에 6쌍 있다.
· 발바닥을 통하여 발한 작용.

(3) 생리적 특성

· 수명 : 2~3年 (인간의 1/30), 흰쥐의 하루는 인간의 30일에 해당된다.
유년기 → 성숙기 → 노년기(2年이후)
· 생리기 : 15~18 개월 까지.
· 행습성 : 야행성
· 식성 : 잡식성(섭취하는 식품의 범위가 넓다.)

· 性성숙 ♂ : 3주경부터 고환이 외부로 나온다. 발정 주기는 5일간.
　　　　♀ : 5주경부터 질막이 개구한다. 생후 40~60일부터 성숙.

· 임신기간 : 21~23일간(3주)

· 출생시 체중 : 5~8g

· 출생 14~15일에 눈뜨고 21일에 이유한다.

3. 동물 실험에 영향을 주는 인자

(1) 내적요인 : 유전적인 차이점 (종, 계통)
　　연령, 중량, 생리적 상태, 성별

(2) 외적요인

① 물리적 요인 : 온도(23±2℃), 빛, 음파, 기압, 동물상호간의 생물학적 인자. 다루는 사람의 인자, 동물 상호간의 개체차, Biorhythm

② 영양적 요인 : 급식량, 물

4. 사료의 종류

(1) 정제도에 따른 분류 (원료의)

① 조사료 (crude diet) = Stock diet = Laboratory chow = Cereal bared diet = Monopurified diet = Unrefined diet = Cubic diet)

정제되지 않은 것으로 식물 원료나 동물성 원료를 사용하고 조제한 것으로 Vitamin을 첨가하고, 번식용이나 의약품 실험에 이용한다.

※ – American Institute of Nutrition (AIN)에서 제정한
Crude feed의 조성은 Crude protein : 23.5%
Crude fat : 5%
Crude fiber : 45%
Ash : 7 %
Carbo hydrate : 60%

② 정제사료 (Semi) Purified diet (Synthetic diet : Semisyntetic diet)
정제 단백질, 정제 지질, 정제 당질, 무기질, Vitamin등을 혼합한 것으로 정제 단백으로는 Milk casein을 이용한다.

③ 화학 조제 사료 (Chemically refined diet)

정제 amino acid, Essential 등을 혼합하여 만든 사료

※ Purified diet의 Source

1) Protein Source

식물성 : 대두 단백질의 분해물

동물성 : Milk casein을 microkieldahl법으로 85%

· Casein의 제한 아미노산

S-containing amino acid Methionine.

2) Carbohydrate

· Starch, Sucrose (대개 2가지는 섞는다.)

· AIN에서는 50:50의 비율로 섞음

· Sucrose가 많은 경우는 신장이상(kidney lesion)과 충치(caries)가 발생한다.

· α-화 starch보다는 Granule상의 low starch가 좋다.

· cellulose를 사용할 경우는 식용 cellulose를 이용한다.

3) Fat source : corn oil & soybean oil

Lost Na에 따라서 지방산의 조성이 다르며 시유중에는 계면활성제 Palmtioxidant가 들어있는 경우에는 실험 중에 그 첨가물을 체크한다. (BHT, BHA 등)

4) Salt Mixture (염류 혼합물)

※ AIN-T6TM 참조

표 3-1 무기질 혼합물 성분

Ingredient	g / Kg mixture
Calcium phosphonate dicase ($CaHPO_4$)	500.0
Sodium chloride (NaCl)	74.0
Potassium citrate monohydrate	220.0
Potassium sulfate (k.sdq)	52.0
Magnesium oxalate (mgo)	24.0
Mangallous capomate (43-48% ma)	3.5
Feiric citrate (16-17% fe)	6.0
Zinc calbomate (70% zn)	1.6
Cupric carbonate (53-55% cu)	0.3
Potassium (KIO_3)	0.01
Sodium sulfate (Na_2SO_3-$5H_2O$)	0.01

5) Vitamin Mixture

※ AIN-T6TM 참조

표 3-2 비타민 혼합물 성분

Vitamin	Per Kg mix
Thiamin HCC	600mg
Riboflavin	600mg
Pyridoxine HCC	700mg
Nicotinic acid (or nicotinomide)	3g
D-Calcium pantothenate	1.6g
Folic acid	200mg
D-Biotin	20mg
Cyanocobalamin	1mg
Retinyl palimitate or acetate (Vitamin A)	+ (400,00 IU)
di-α-Tocopheryl (Vitamin E)	+(5,000 IU)
Cholecalciferol (Vitamin D_3)	2.5mg
menaquinone (Vitamin K)	5.0mg
finely powderred Sucrose	to make 1,000.g

· Vitamin C와 Inositol은 체내에서 합성되므로 첨가하지 않아도 된다.
· Choline chloride의 경우에는 ethanol에 녹인 것을 이용한다.
· Choline Bitartalic acid는 결정상이 아니므로 Vitamin을 조금씩 섞어 이용한다.

(2) 사용 목적에 따른 분류

① 결핍사료

② 저단백 사료

③ 번식용 사료 : 임신과 수유기에 보충한다.

④ 무균(동물용)사료 (Germ- free Animal diet)

Chromium potassium suifate OCrk$(SO_4)_2$ 12$H_2$0 J Finely powdened sucruse	0.55 to make 1,000

※ Harpn

※ NRC (National Research Council)

(3) 형태에 따른 분류

① 분말사료

② 액체사료

③ 고체사료

④ 입상사료 (Granule 상)

(4) 식이 제조

표 3-3 식이 제조 방법

	저 단백식이	표준 식이	고단백 식이
protein (casein)			
Min Mix			
Vit Mix			
Sucrose genenal			
cellulose(powder)			
fat			
starch			
total			
col			

- cellulose는 분량을 조절한다.
- fat 은 soybean oil이나 corn oil을 이용한다.
- starch로 volume조절
- fat cal % → 14.5 % (63/435)

· 사료의 조제

1) vitamin mixture

건조 유발에 5~10g 정도의 sucrose을 넣고 vitamin 조성이 가장 적은 것부터 섞어 간다.

2) mineral mixture

- Sucrose대신에 cellulose powder 을 이용할 수 있다.
- K_2SO_4는 먼저 넣고 제조한다. MgO와 $CaHPO_4$를 처음에 같이 넣으면

$CaHPO_4$와 MgO가 섞여 덩어리가 되어 고루 섞이기 어려우므로 MgO부터 넣고 제조한다.

- 제조후 흡습하지 않도록 진공 포장하고 Desiccate에 보관한다.
- Stach, Sucrose. Vitamin, Mineral, Casein 순으로 식이제조

(5) 급식방법(Feeding pattern)

· 섭식 시간에 따라서.

1. contious feeding (지속 급식)
2. Intermittant feeding (간헐 급식)

· 섭취량에 따라서.

1. Ad libitum feeding (자유 급식)
2. restricted or restrained feeding (제한급식)

· Pair feeding

실험군

대조군

: 실험군이 먹은량 만큼 대조군도 같은량을 먹임

· Meal feeding

: 사람처럼 시간을 정해놓고 끼니마다 먹임

(Meal fet rat : meal feeding 시킨 Rat)

· Forad Feeding (강제 급식)

→ 졸데나 cathata등 이용

대동물일수록 사료문제와 Life cycle 의 문제 때문에 소동물을 주로 사용한다.

(6) 사육환경

· 사육실을 2회/年 정도로 소독要

· 금속 유리 기구는 사육 후 약 180℃에서 건열 멸균

· 내열 플라스틱 경우는 끓여서 소독.

· 사용중인 사육기구도 가끔 교환.

· 분뇨처리는 매일 하는 것이 좋다.

· 사육실 온도와 습도.

(자기 기록 온도계 ⇒ 최고 최저 온도계로 대체 : 20~25℃, 25℃±2℃)

(습도 : 50~60% 범위)

→ 습도가 낮으면 폐렴의 위험성
저습시 뇨가 뷰린으로 전이되지 않음

· 사육실의 밝기
(明期 : 7:00pm~ 7:00pm)
(조명도 : 80cm 거리에서 200Lux정도)

· 사육 cage
Convert와 system →
(1cage당 1마리씩 사육)
사육용 cage
번식용 cage
대사용 cage
틈수 cage : 먹이등이 자동으로 주어지도록 설비

(7) 단백질 함량차에 의한 rat의 성장과 체조성 변화의 실험〉

1) 실험 기간 : 2주간
2) 실험 동물 : Spargue Dawley (SD계)의 100g정도 된 5주정도.
· 1 group : 최소 7마리 → 통계처리가 가능하다.
· 배치 : cross sectional

1군	2군	3군
1	2	3
4	5	6
7	8	9

※ mean ± SD가 거의 비슷하게 배치된다.

· 측정항목
① 성장도 = 체중 (2회/주)
② 식이 섭취량
③ 사료 효율 : FER = 체중 증가량 / 섭취량
④ 단백 효율 : PER = 체중 증가량 / 단백 섭취량
⑤ 장기 (organ)의 중량 : Kidney, spleen, liver, alrenals, heart
⑥ 혈액 성분 : Serum protein, total lipid , albumin, total cholesterol

3) 체중 증가량과 사료효율

(1) 사료 효율

표 3-4 사료 효율

	체중	증가량	식이 섭취량	FER
B-1				
B-2				
B-3				
B-4				
B-5				
B-6				
B-7				

단백 : 8%

	처음체중	나중체중	증가량	식이섭취량	사료효율FER	단백효율(PER)
A-1						
A-2						
A-3						
A-4						
A-5						
A-6						
A-7						
평균						

단백 : 35%

	처음체중	나중체중	증가량	식이섭취량	사료효율FER	단백효율(PER)
A-1						
A-2						
A-3						
A-4						
A-5						
A-6						
A-7						
평균						

※ 평가

A군, B군 및 C군의 Rat의 체중 증가 경향은 초기엔 섭취량도 적지만 성장률이 적어서 사료 효율이 매우 적게 나타난다. 이것은 처음 식이에 대한 적응이 되지 않아서 식이감이나 이 용량이 적은 것으로서 기인된다. 그리고 단백효율은 표준 단백 식이군의 경우 사육후기에 큰 것으로 나타났다.

(2) 단백질 효율

표 3-5 단백질 효율

	체중	증가량	식이 섭취량	FER	PER
B-1					
B-2					
B-3					
B-4					
B-5					
B-6					
B-7					
평균					

4) 장기의 중량

(1) 각장기 (organ)의 무게

표 3-6 각 장기의 중량

	간	신장	심장	비장	부신
B-1					
B-2					
B-3					
B-4					
B-5					
B-6					
B-7					
평균					

(2) 각장기의 평균 무게 비교량.

표 3-7 각 장기의 평균 무게 비교량

	간	신장	심장	비장	부신
A조					
B조					
C조					

※ 평가

① 단백 함량차이에 의한 Rat의 성장률

표준단백(20%수준)과 고단백(35%수준)을 공급한 경우 체중 증가가 거의 동일 하였다.

즉, 일정수준 이상의 단백질은 체중 증가에 도움이 되지 않음이 나타났다.

저 단백식이의 경우 체중이 거의 증가하지 않으며 증가율도 매우 작다.

② 단백 함량차이에 의한 Rat의 장기의 무게분석.

고단백 식이를 제공할수록 각 장기의 무게가 증가함이 나타났다. 체중에는 극한 저 단백의 경우를 제외하고는 거의 같은 수준으로 나타났지만 고단백 식이는 단백의 함량이 많을수록 장기에 많이 축적되는 것 같다.

즉, Rat의 장기는 거의 체중과 비례로 무겁게 나타났다. 여러 장기 중에서는 특히 간의 중량이 제일 커서 그 변화량이 뚜렷이 나타났는데 체중이 무거운 것과 고단백식이를 섭취한 것일수록 그 중량이 크다.

8) Biuret 반응에 의한 혈장 단백질의 정량

(1) 실험 일자 : 년 월 일 ( )

(2) 이론

Buret반응은 Buret(Nh2=CO-NH-CO-NH2)이 알카리성 용액 중에서 Cu++이온과 반응하여 복숭아색으로 된다. Peptide 결합의 존재에 기인되는 반응이기 때문에 어떤 종류의 단백질에 대해서도 정색반응을 나타내므로 정량에 응용된다.

(3) 기구 및 시약

1) Centrifufy

2) 흡광계 (or 비색계)

3) tube mixer

4) micro pipete

5) 시험관 외 초자 기구류

6) 단백질 표준액 : 혈청 Albumin 1mg/1ml

7) 0.9% NaCl

8) Buiret 용액 : $CuSO_4$ $5H_20$ 1.5g과 NaK, CaH_4O_6, H_20 6mg을 물 500mg에 녹이고 여기에 10% NaOH 300ml 및 KI 2g을 가한 다음 증류수로 채워 1L로 만든다.

(4) 실험 방법

1) 처리 쥐의 채혈한 것을 항응제(Sulium Oxalate)로 응고를 막은 다음 2,000rpm에서 원심 분리시킨다.

2) 상층액만 옮겨서 취한다. → 혈장

3) 검체인 혈장을 0.1ml 취하여 0.9%의 NaCl용액에 5ml에 넣어 혼합한다.

4) 시약을 각 시험관에 취하고 혼합한다.

5) 30분간 실온에 방치

6) 흡광도 450mm로 맞추어 놓고 하여 측정한다.

7) 0.9% Nacl

8) Buiret 용액 : $CuSO_4$ $5H_2O$ 1.5g과 NaK, CaH_4O_6 H_2O 6mg을 물 500ml에 녹이고 여기에 10% NaOH 300ml 및 kl 2g을 가한 다음 물로 채워 1L로 만든다.

표 3-8 혈장 단백질 실험방법

	blank	standard					sample
		1	2	3	4	5	
표준Albumin용액							
0.9% NaCl							
Buret 시약							
plasma							

(5) 실험결과

1) standard의 흡광도

2) sample의 흡광도

B-1 :

B-2 :

B-3 :

B-4 :

B-5 :

B-6 :

B-7 :

3) 결과 및 평가

※ 혈장 Protein의 함량

A군 (평균)	%
B군 (평균)	%
C군 (평균)	%

혈장 단백은 고단백 식이를 제공한 것일수록 그 함량이 증가하는 것으로 나타났다.

혈장의 단백질량은 7~8%가 정상농도인데 최저가 6.9% 최고가 10.2%이면 매우 근사하게 나온 값이다.

※ 실험결과

$$\frac{\text{plasma의 흡광도}}{\text{1mg당 Albumin의 흡광도}} \times 100 \times \text{희석 배수}$$

9) 혈청중 total cholesterol의 정량

(1) 실험일자 : 년 월 일 ( )

(2) 이론

혈청에서 초산으로 cholesterol을 추출하고 염화 제2철에 의한 Kiliam 반응으로 정색 하여 정량한다.

(3) 시약 및 기구

1) 시약

① 80mg/dl 염화 제 2철 초산 용액

: $FeCl_3$ $6H_2O$ 0.8g cholesterol 정량용 초산 1l에 녹임.

② 황산 : cholesterol 정량용 (특급 or 1급)

③ 100mg/dl cholesterol 표준액

: cholesterol을 초산에 녹여 100ml로

④ 초산 : cholesterol 정량용

2) 원심 분리기

3) 실험관 외 초자기구

(4) 실험 방법

표 3-9 콜레스테롤 실험방법

	blank	standard				sample
		1	2	3	4	
plasma						
cholesterol						
초산						
H_2O						
$FeCl_3$ 시약						

1) 각 시료를 시험관에 담고 10~15분간 방치한다

2) 2,000rpm에서 10분간 원심분리

3) 각 시험관에서 상층액 3ml를 취하고 황산 2ml를 가한다.

4) 혼화 후 30분 방치 560nm에서 흡광도 측정한다.

(5) 실험결과

1) standard의 흡광도

2) sample의 흡광도

B-1 :

B-2 :

B-3 :

B-4 :

B-5 :

B-6 :

B-7 :

* cholesterol의 양

= A/B × 1000 × abs

* plasma 액 : 50개 희석

3) 정상치 : 130-230mg/L

(6) 비교 및 평가

1) 저단백 식이군의 cholesterol의 량

A-1 :

A-2 :

A-3 :

A-4 :

A-5 :

A-6 :

A-7 :

2) 고단백 식이군의 cholesterold의량

C-1 :

C-2 :

C-3 :

C-4 :

C-5 :

C-6 :

C-7 :

3) 비교 및 평가

※ 혈장 cholesterol의 비교 (평균)

A군	mg/dl
B군	mg/dl
C군	mg/dl

※ 혈장의 Total cholesterol의 표준범위 :109~320 range

■ kale이 흰쥐의 성장및 cholesterol 대사에 미치는 영향 food composition

표 3-10 케일이 흰쥐의 성장 및 콜레스테롤에 미치는 영양실험

	A(std)	B(cont)	C(10%)	D(20%)
kale				
sucrose				
casein				
fiber				
corn oil				
min. mix				
vit. mix				
cholesterol				
coline bitartrete				
corn starch				
total				

■ 총콜레스테롤 측정용 시약(Total Cholesterol-E kit)

1) 시약

① 효소시약 1병 100ml 중

콜레스테롤 산화효소 12U
콜레스테롤 에스터라제 3.5U
과산화효소 670U
4-아미노안티피린 17mg

② 완충액 100ml 중

페놀 132mg
인산이수소나트륨 0.78mg
인산일수소나트륨 0.71mg

③ 표준액 100ml 중

콜레스테롤 300mg
이소프로판올 .... 적량

2) 측정방법

효소용액의 조제 : 효소시약 1병을 완충액1병(105ml)에 기포가 생기지 않도록 용해시켜 사용한다. 조제한 효소용액은 냉암소(2~10℃) 보존으로 4주간 사용할 수 있다.

표 3-11 총콜레스테롤 측정 키트 실험방법

	맹검용	표준용	검체용
정제수(ml)	0.02	-	-
표준액(ml)	-	0.02	-
피검혈청(ml)	-	-	0.02
효소용액(ml)	3.0	3.0	3.0
충분히 혼합하여 37℃에서 5분간 가온한 후 60분 이내에 맹검을 대조로 하여 파장 505mm에서 흡광도 측정.			

※ 맹검의 정제수 0.02ml는 넣지 않아도 결과에는 영향이 없다.

3) 계산방법

총 Cholesterol량(mg/dl)

$$= \frac{\text{검체의 흡광도}}{\text{표준의 흡광도}} \times 300(\text{mg/dl})$$

4) 정상치

총 Cholesterol량 : 130~250mg/dl

〈보고서 작성용〉

〈보고서 작성용〉

〈보고서 작석용〉

10) 간조직의 Biuret 반응에 의한 단백정량

(1) 실험 일자 : 　　년　　월　　일　(　)

(2) 이론

Biuret반응에 의한 정량

(3) 시약 및 기구

1) 단백질 표준액 : 표준 알부민 용액 1mg/1ml
2) 0.9% NaCl용액
3) Biuret 시약
4) Homogenizer
5) 원심분리기
6) 시험관 및 초자기구 다수
7) Micro pipete

(4) 실험과정

1) 간조직 100mg을 정량하여 Homogenizer에 넣는다.
2) 0.9%의 식염수를 Homogenizer에 1~2ml를 넣는다.
3) 조직파쇄 (Homogenizer)
4) 전체가 15ml 되게 0.9%의 NaCl 용액을 더한다.
5) Filtration (2,000rpm에서 10분간 원심분리)
6) 시약을 각각의 시험관에 취하고 Tube micer를 혼화시킨다.
7) 30분간 방치후 510m ah에서 대조액을 0으로 하여서 흡광도를 구한다.

표 3-12 간조직의 단백정량 실험방법

	blank	standard					sample
		1	2	3	4	5	
표준Albumin용액							
0.9% NaCl							
Biulet 시약							
간조직액							

(5) 실험결과

1) standard의 흡광도

2) 간조직 sample의 흡광도

B-1 :

B-2 :

B-3 :

B-4 :

B-5 :

B-6 :

※ 단백질의 양 = 흡광도 / 1mg의 흡광도 × 희석배수 (150) × 100

3) 간조직의 단백량

B-1 : (÷) × × = (%)

B-2 : (÷) × × = (%)

(6) 비교 및 평가

1) 저단백 식이군의 간 단백량

A-1 : ( ) : (%)

A-2 : ( ) : (%)

A-3 : ( ) : (%)

A-4 : ( ) : (%)

A-5 : ( ) : (%)

A-6 : ( ) : (%)

A-7 : ( ) : (%)

평균 : ( ) : (%)

2) 고단백 식이군의 간 단백량

B-1 : %

B-2 : %

B-3 : %

B-4 : %

B-5 : %

B-6 : %

B-7 : %

평균 %

※ 간조직 Protein 함량 비교 (평균)

A군	%
B군	%
C군	%

2 쥐 실험

-3주간의 사육 과정까지-

1. 실험 목적

· 본 실험의 목적은 현재 시판되고 있는 snack을 쥐 실험을 통해서 영양적 가치를 평가하기 위한 것이다.

· 식이를 대조군, snack, snack+전지분유, snack+whole Egg powder를 먹여서 쥐의 체중, 먹이량, 해부시 장기의 무게 및 특징을 비교함으로써 쥐를 통해서 snack이 인체에 영향을 미치는 정도를 알아보기 위함이다.

· 대조군과 snack 만을 먹인것을 비교하여 snack 만을 먹였을때의 변화를 보아 그 가공 처리 과정에서 손실되는 영양소를 알아보기 위한 것도 있다.

· 동물실험을 하는 이유

동일 조건하에서 통계학적으로 처리가 가능하고 되풀이 할 수 있으며 경제적이어서, 우리가 손쉽게 할 수 있는 실험 등에 흰쥐가 가장 적합하다고 한다.

영양학은 사람을 대상으로 하는 학문으로, 인간을 실험의 대상으로 한다는 것은 인도적인 차원에서 허용될 수 없는 경우도 있으므로 인간에 대한 영양소의 대사나 체 구성 성분의 교체 등을 알기 위해서나 , 영양조사 등으로 부터 얻어진 결과를 실증하기 위해서 동물을 사용하는 실험이 필요하게 된다.

2. 실험 동물의 종류

흰쥐 S-D계 수컷 35마리

3. 사육 기간

月 日~ 日

4. 실험식이

A조 (대조군) (%)		B조
Casein	20.3	Snack food (only) – 2520g
Met	0.3	C조
설탕	10	Snack : whole milk powder
vitamin mix	1.0	2 : 1
mineral mix	4.0	1980g : 940g – 3920g
cholin bitatrate	0.15	D조
Corn oil	5.0	snack : whole egg powder
Corn starch	54.55	3 : 1
cellulose	5.0	1390g : 630g – 2520g
mineral mixture 조제시		snack – 훼미리 후레이크

산화마그네슘과 제 2 인산칼륨은 미리 배합하여 조제

E 조	F조
Snack food (only)	Snack food (only)
하니컴	스위트 후레이크

└ 6마리 × 20g × 21日 = 2520g ┘

〈식이 제조 방법〉

A 조 (대조군)

① 원료는 미리 평량하여 둔다.

② 비타민 배합물의 제조

청결한 유발에 정세 분말 설탕을 조금(1/3) 넣고 량이 적은 비타민으로부터 차례로 배합하고 남은 설탕을 조금씩 가하면서 잘 배합한다.

③ 염류 배합물의 제조법

소량인 유산 칼륨으로부터 배합을 시작하는 것이 좋다.

산화마그네슘은 제 2 인산칼슘과 배합하기 전에 미리 배합하여 쓴다.

(∵ 같이 섞으면 결정 생기고 흡습하게 된다.)

결정상의 원료는 유발에서 미리 분쇄하여둔다.

그리고 비타민과 같은 방법으로 소량부터 잘 섞는다.

④ 유발에 비타민 제재 배합물과 콜린을 취하고 별도로 측량해 둔 전분의 소

량과 충분히 배합한다. 다시 메오티닌을 가하여 다시 잘 배합한다.

⑤ 카제인과 기름을 균일하게 잘 섞어서 비타민과 잘 혼합하고 이것에 cellulose를 가하여 잘 혼합한다.

⑥ 소량의 전분에 염류 배합물을 잘 혼합하여 합한다.
이것에 위의 유발중의 배합물과 설탕을 조금씩 혼합하면서 어느 곳이나 균일할 수 있도록 잘 섞어준다.

⑦ 잘 배합한 사료는 poly pack등에 넣어 4℃ 이하에서 보존한다.

C조 snack : whole milk powder (2:1)

① snack으로 사용하는 훼리미 후레이크를 마쇄기에 넣고 고운 가루가 되도록 한다.

② snack과 전지분유를 평량하여 깨끗이 씻은 손 (70% alcohol)으로 잘 혼합한다.

③ 이것을 약 3봉지에 나누어 담고 4℃ 이하에 보존한다.

F조 snack food (only)

① 스위트 후레이크를 역시 마쇄기에 넣서 고운 가루가 되도록 한다.

② 3봉지에 나누어 담고 매주 1봉지씩 고형화 시킨다.
증류수를 끓여서 이것으로 사료를 반죽하여 15개로 덩어리를 만들어서 알루미늄 박에 싸서 냉장 보관한다.

5. 사육방법

① 실험쥐 35마리를 우리가 원하는 실험 목적에 맞게 A-5마리, B, C, D, E, F - 6마리가 되도록 그룹화 한다.
그룹화 할때는 체중의 순으로 지그재그형으로 한다.

② 그룹화 된 쥐는 A, B, C, D는 대사 cage에 E, F는 일반 사육 cage에 넣는다 (E, F에서는 대패밥 갈아줌)

③ 각 cage에 물병과 먹이를 측량하여 넣어준다.
급수는 보통 수돗물로 한다.

④ 분변의 처리와 오줌의 처리는 될 수 있는 한 자주 행하는 것이 좋다.
분변의 처리 - 6시간 건조 시키고 이것을 막대 사발에서고운 가루로 만들어

서 비닐 pack에 넣어서 대시케이터에 보존한다.(이때 손실량이 없게 하고 다른 것의 변과 섞이지 않게 한다.)

오줌의 처리 – 10%의 염산 5ml를 담은 비이커에 오줌을 받고 이것을 갈색 병에 모은다.

⑤ 사육실의 온도 – 일반적으로 20~25℃ 범위가 적당하고 22~24℃에서 ±2℃ 가 가장 많이 사용된다.

습도 : 40~80% 범위가 좋고 50~60%가 가장 널리 적용되고 있다.

요로부터 발생하는 암모니아 증기나 배설물 취를 실외로 배출시키기 위해서는 환풍기를 돌려 환기한다.

조명 : 24시간내에 일정의 명기를 조절할 필요가 있다.

· 오전 7시~오후 7시를 명기로 하는 명암주기가 적용되고 있다.

· 선반위 80cm의 곳에서 200Lux전후의 밝기가 좋다.

⑥ 사육 관리는 가능한 한 매일 행하는 것이 좋다.

사료의 섭취 상황, 급수량, 체중의 증감, 배설물의 상황 등을 관찰하는 것은 흰쥐의 건강상태를 외관적으로 파악하는데 중요한 기초가 된다.

체중측정, 식이 섭취량의 측정은 일정한 조건하에서 행한다.

6. 급식 방법

① 우리는 연속–자유 급식 방법을 쓴다.

일정량을 주고 쥐가 먹고 싶으면 언제든지 먹을 수 있도록 한다.

② 조제된 분말 사료는 비교적 저 수분의 사료로 부패 또는 변질하는 경우가 적으므로 2~3日에 1회정도 새로운 것으로 교환하여도 좋다. 그러나 E, F의 경우 수분이 많은 사료는 부패하는 경우도 있으므로 자주 신선한 것과 교환해서 주면 좋다.

③ 음료수로는 수돗물을 사용하고 이것도 될 수 있는 한 자주 신선한 물로 바꿔준다.

주의점) 쥐가 편안한 자세에서 먹을 수 있는 부위에 주며 급수 구멍이 막히지는 않았는지 확인한다.

7. 체중과 식이섭취량의 Mean ±SD (주별 및 Total)

■ 체중 : 움직이지 않을때의 g

표 3-13 체중 비교표

C조	첫날	1주	2주	3주
1				
2				
3				
4				
5				
6				
mean				
±SD				
F조	첫날	1주	2주	3주
1				
2				
3				
4				
5				
6				
mean				
±SD				

■ 식이 섭취량

표 3-14 식이 섭취량 비교표

C조	1주	2주	3주	Total
1				
2				
3				
4				
5				
6				
mean				
±SD				
F조	1주	2주	3주	Total
1				
2				
3				
4				
5				
6				
mean				
±SD				

※ 식이 섭취량 측정 방법

분말 사료 : 먹기전의 (통무게 + 사료) − 먹은후의 (통무게 + 사료) = 섭취량

고형화된 사료

C, F 2100g → 700g × 3

F 1차 사료 700g + 물 = 1009.6g ∴ 수분량 319.6g

8. 식이효율 (= 체중증가량 / 식이 섭취량)

표 3-15 식이효율 산정표

C	1주	2주	3주	total	F	1주	2주	3주	total
1					1				
2					2				
3					3				
4					4				
5					5				
6					6				
mean					mean				
±SD					±SD				

9. 단백질 섭취량 (식이섭취량 × 식이중 단백질 함량)

표 3-16 단백질 섭취량 산정표

		최종	1주	2주	3주
C	1				
	2				
	3				
	4				
	5				
	6				
	mean				
	±SD				

		최종	1주	2주	3주
F	1				
	2				
	3				
	4				
	5				
	6				
	mean				
	±SD				

10. 단백질 효율(체중 증가량 / 단백 섭취량)

표 3-17 단백질 효율 산정표

		최종	1주	2주	3주
C	1				
	2				
	3				
	4				
	5				
	6				
	mean				
	±SD				

		최종	1주	2주	3주
F	1				
	2				
	3				
	4				
	5				
	6				
	mean				
	±SD				

11. 사육중 죽은 쥐의 원인

사육중 A군에서 1마리, B군- 1마리, D군-2마리 모두 4마리가 죽었다.

원인을 보면 A군은 대조군으로 비교적 영양 상태가 좋은 편인데 죽은 A3와 B군의 B4는 대사 cage에서 키우다 죽은 것으로 ① 급수에 이유가 있다고 볼 수 있다. D1, D3도 마찬가지이다. 밖에서 쉽게 볼 수 없기 때문에 이것들이 어떤 상태(환경)의 부적합으로 죽은 이유를 들 수 있다. 또한 B군의 B4의 경우는 대사 cage내에서 죽었는데 ② B군은 영양상태가 아주 나쁘기 때문에 여기에 적응하지 못하고 죽지 않았나 생각된다. 이것은 모두 사육한지 1주일 내에 죽은 것으로 사육 방법에 이상이 있다기 보다는 ③ 어떤 사육이전의 질병으로도 죽을 가능성이 있다고 생각된다.

12. 결과 비교 및 소감

여기서는 C군과 F군에 대해서만 언급하려고 한다.

C군은 snack + 전지분유를 먹였기 때문에 F군의 snack만 먹인 것에 비해서 월등한 체중증가를 나타내었다. 앞으로 대사 cage에서 실험된 것과 또 여러 시험을 해보면 나타나겠지만 우리가 영양식이라고 하는 후레이크 식품을 단순히 이 하나만 섭취하게 된다면 충분한 영양 공급이 안돼서 나중에는 건강을 해칠 우려가 있다고 생각한다.

그리고, A군은 대조군으로 역시 C, F보다 좋은 성장을 했다. 또 우리가 대사 cage에서 받아낸 분변의 양과 그 크기, 색깔에도 여러 차이점이 있었다. 이것은 앞으로 실험을 해보면 알 수 있겠지만 A5 – 양 아주 많고 질은 회백색, B5– 양 아주 적고, 작고, 검은색 , C군 – 양은 중간 , 흑갈색, D5–양 중간 흑녹색, 이러한 차이점을 보였다. 3주간의 사육은 우리에게 많은 시간의 투자를 요구했지만 이런 실험 한가지 한가지가 우리 영양학도에게 있어서 중요한 밑받침이 된다고 생각한다.

13. 해부시 측정해야 할 항목

① 혈액 채취

② 간, 비장, 신장, 고환 채취

③ Hemartoerit 모세관에 혈액 채취

3 사육한 흰쥐의 해부

1. 실험 목적

· 우리가 3주간에 걸친 사육 즉. 각 group에게 다른 영양섭취를 시킨 것은 이것을 해부하여 얻게 되는 여러 자료를 얻기 위함이다. 즉 사육중 체중의 변화, 식이 섭취량, 단백질의 섭취량과 흡수량도 중요하지만, 이것들에 의해 쥐의 신체에 나타나는 여러 영향들도 중요하다고 할 수 있다.

· 혈액을 채취하여 혈중 단백질을 알아본다.
(혈구의 % , 혈장의 total protein, alb, glo의 양)

· Hemartocrit 모세관에 혈액 채취하여 원심분리하여 혈구의 비율을 알아본다.

· 쥐의 장기인 신장, 비장, 간장, 고환 등의 무게를 측정하여 식이 섭취가 각 장기에 미치는 영향을 알아본다.

· 인체와 가장 유사하다고 하는 쥐를 해부함으로써 우리가 매일 섭취하는 식품의 중요성과 인체에 대해 다시 한 번 생각해 본다.

· 쥐의 해부를 통해서 소화, 흡수의 경로를 직접 봄으로써 생화학과 영양학의 이론을 반영해 본다.

이와 같이 영양학은 단순히 식이섭취에서 끝나는 것이 아니라 섭취에서 소화, 흡수하여 배설과정까지에 걸친 학습으로 이 실험을 통해서 이 과정을 이해하고 앞으로 응용 할 수 있다.

2. 실험 도구 (해부에 필요한)

· 수술대 – 쥐를 해부할 수 있을 정도의 크기의 나무판자, 신문지
· 수술가위 – 大, 小
· alcohol 솜 – 해부시 흐르는 혈액 닦기 위한 것.
· 생리 식염수 – 분리한 장기를 깨끗이 씻기 위한 것.
· 혈액 채취용 주사기 – 10cc
· 시험관 – 채취한 혈액을 담기 위한 것으로 번호를 붙이고 얼음에 꽂아 둔다.
플라스틱제를 사용 10ml
· 마취용 주사기 – 마취제는 Thio pentel sodium(Ravonos M 주사액)을 사용하여 쥐 무게 100g당 약 1.5~2cc 투여한다.
· Ether – 큰쥐의 경우는 마취제로 단 시간에 마취되기 어려우므로 ether가 필요하다.
· Hematocrit 모세관
– Centrifuge – Hemartocrit 모세관을 원심분리하여 혈구의 비율을 나타낸다.
· 수술장갑, 면장갑
· 핀셋 – 大, 小
· reading balance – 장기의 무게를 잰다.
· 알루미늄 호일 – 분리된 간을 호일에 싸서 냉동 보관
· 거름 종이
· 혈청 보관용 병 (겉표지 준비), 얼음

3. 실험과정

1) 마취

※ 해부에 들어가기 6~10시간 절식 시킨다.
이것은 흡수에 의한 영양 상태의 변화를 없게 하기 위함이다.
즉 식사 후에는 효소치가 높아지고 유리 비장이 높아지는 등의 변화 따르므로 안정된 상태에서 채혈하는 것이 바람직하다.

① cage에서 안전하게 흰쥐를 손에 쥐고 하복부의 복강내에 마취제를 1.5~2cc/100g을 투여한다.

② 마취제를 투여한 흰쥐를 다시 cage에 넣어 활동이 이상하고 몸을 쭉 펼 때까지 지켜보았다가 거의 운동이 정지되었을 때 꺼내어 해부에 들어간다.

2) 채혈

① 흰쥐의 사지와 두부를 위로 뉘우고 핀셋으로 쥐의 복부를 살짝 들어봐서 마취가 완전히 됐는지 확인한다.

② 수술가위 큰 것으로 복부를 서서히 절개한다. (횡격막 까지)

③ 복부를 절개하고 난 후 여러 장기를 한 쪽으로 밀어두고 횡경막 밑으로 보이는 굵은 혈관 즉 하대 정맥에서 채혈한다.

④ 채혈할 때는 주사바늘이 도중에 빠지지 않도록 잘 손으로 고정하고 주사바늘의 절단면이 위로 보이도록 혈관에 꽂는다.

⑤ 조심스럽게 천천히 뽑으며 혈관에 혈액이 차면 혈액을 뽑으며 만약 하대 정맥에서 채혈을 실패하면 즉시 개흉하여 문장 채혈한다.

⑥ 하대 정맥에서 채혈시 심장 맛사지를 해주면 더욱 쉽게 채혈할 수 있다.

⑦ 채혈한 것은 주사기에서 그 양을 읽고 주사바늘을 빼고 시험관에 옮긴다.

⑧ 채혈이 끝나면 심장에서 Hemartocrit 모세관에 채혈한다. 이것은 순서대로 꽂는다.

3) 장기분리

① 작은 가위로 흰쥐의 간을 서서히 떼어낸다. 쥐의 간은 6개의 엽으로 되어 있으며 잘못하여 조각이 떨어지지 않게 잘 떼어낸다. 떼어낸 것은 생리 식염수에 핀셋으로 흔들어 씻고 거름종이에서 물기를 어느 정도 닦은 다음 무게를 잰다.

② 그 다음은 차례대로 신장, 비장, 고환을 분리하는데 여기에는 장기를 둘러싸고 있는 지방층이 있으므로 무게에 이상 없도록 제거하고 신장과 비장은 생리 식염수에서 씻고 거름종이에서 닦아 그 무게를 재며 고환은 터지기 쉬우므로 그대로 무게를 잰다.
(혈액으로 장기가 잘 보이지 않으면 alcohol 솜으로 닦아가며 해부한다.

③ 해부가 끝나면 흰 쥐를 신문지에 싸서 땅에 묻어준다.

4) 해부 후에 처리해야 할 것

① Hemartocrit 모세관에 채혈한 것은 centrifuge에서 3분간 원심 분리하여 혈구 비율을 알아본다.

② 시험관에 담은 혈액은 원심 분리하여 혈구와 혈장을 분리하고 혈장만 작은

tube에 담는다.

③ 간은 호일에 싸서 냉동 보존한다.

④ 해부대는 깨끗이 청소하며 해부에 사용된 기구는 깨끗이 열탕 소독하고 수술 장갑은 깨끗이 빤다.

⑤ 해부자의 손도 비누로 깨끗이 씻고 70% alcohol로 소독한다.

4. 해부결과

표 3-18 해부결과

C군

	혈액량(ml)	비장(g)	간장(g)	신장(g)		고환(g)		혈구(%)
C1								
C2								
C3								
C4								
C5								
C6								
mean								
±SD								

F군

	혈액량(ml)	비장(g)	간장(g)	신장(g)		고환(g)		혈구(%)
F1								
F2								
F3								
F4								
F5								
F6								
mean								
±SD								

5. 평가 및 소감

4 Biuret 반응에 의한 혈장 Protein정량

1. 실험 목적

Biuret 반응은 Biuret시약이 단백질과의 청자색 또는 적자색을 만드는 것을 이용하여 혈장중의 protein의 정량에 이용된다. 따라서 식이별 각 군에 혈장 protein량을 비교, 분석해보고 식이가 미치는 영향을 생각해본다.

2. 원리

Protein의 반응으로 가장 많이 사용되고 있는 것이 Biuret법과 Lowry법이며 감도는 1~200mg (Lowry법) 0.25~200mg (Biuret법)이다.

Cu_2- ion은 ammonia나 ammonia치환제와 동 ammonia complex ion ($Cu(NH_3)_2$+심청색)을 형성한다는 것이 알려져 있을 뿐만 아니라 Protein중의 Peptide 1분자 이상과 결합하여 alcohol성 용액중에서 복잡한 complex를 형성하여 복숭아색 또는 자색으로 정색한다.

Biuret 반응은 Biuret alcohol성 용액 중에서 Cu_2- ion 과 반응하여 복숭아 색으로 되는 데서 유래한 것이며 peptide결합의 존재에 기인되는 반응이기 때문에 어떠한 종류 protein에 대해서도 정색반응을 나타내므로 정량에 응용되고 있다.

3. 시약 및 기구

1) 시약

· 단백질 표준액 albumin 20mg/100ml

· 0.9% NaCl 용액

· Biuret 시약

 – $CuSO_4 \cdot 5H_2O$ 150g, $NaK \cdot CaH_4O_6 \cdot 4H_2O$ 60g 을 증류수 500ml에 용해시키고 여기에 10%NaOH 300ml및 KI 2g을 넣고 전량을 1l로 함

· sample plasma : 0.1ml → 5ml로 함 (생리식염수로 50배 희석)

2) 기구

· pipet 1ml (1) , 10ml (2) , micropipet , tip, 비이커, 삼각플라스크, 시험관, 시험관대, 혼화기 cell, spectrometer

4. 방법

표 3-19 혈장 단백질 정량 실험방법

	standard						sample
	1	2	3	4	5	6	
표준Albumin용액							
0.9% NaCl							
Biulet 시약							
간조직액							

↓

혼화 시킨 후 실온(25℃) 30분방치

↓

540ml에서 흡광도 측정

※ sample plasma 은 50배 희석한 것은 반드시 혼화시킨다.
tip은 sample에 따라서 다른 것을 사용한다.
micropipet의 사용법과 조절법을 익혀둔다.
Spectro meter cell은 지문이나 그 밖의 먼지가 묻지 않도록 조심해서 다룬다.
spectrometer는 사용하기 전에 warming 을 시켜둔다.

5. 결과

$$\text{총단백}(g/100ml) = \frac{\text{혈청시료 흡광도}}{\text{표준액의 흡광도}}$$

$$\text{알부민}(g/100ml) = \frac{O.D.u}{O.D.s} \times \text{표준농도}$$

표 3-20 혈장 단백질 결과

STD	alb의 mg	흡광도	C군	흡광도	alb의 mg	F군	흡광도	alb의 mg
1								
2								
3								
4								
5								
6								

Total protein양 : albumin mg/ml × 희석배수(5) × 100ml

C군	alb mg/ml	T.P (mg/ml)	F군	alb mg/ml	T.P (mg/ml)
C1			F1		
C2			F2		
C3			F3		
C4			F4		
C5			F5		
C6			F6		

6. 평가 및 소감

■ 뷰렛트시약(Biuret Reagent), 알부스트레이트(Albustrate) 사용법

1) 원리

단백질을 뷰렛트반응(Biuret 반응)시켜 정색되는 청자색을 비색하여 정색의 농도는 단백함량과 비례한다. 본법은 식염수로 혈청을 희석하는 조작이 필요없는 one step조작으로 정량하도록 하였다.

알부민을 BCG와 Dye-blnding시켜 특이적으로 정색시켜 비색하는 법으로서 단시간(5분)에 정량하는 최신법으로 비리루빈 및 헤모그로빈에도 영향을 받지 않고 알부민을 특이하게 정량하는 법이다.

2) 시약

Biuret Reagent 500ml

Albustrate 500ml

표준혈청

• Total Protein 측정

	검 체
뷰렛트시약	5.0
혈 청	0.1

혼합후 실온(25℃)에서 25분 방치후 뷰렛트 시약을 맹검으로하여 검체의 흡광도를 읽는다.

※ 37℃에서 10분 방치하여도 된다.

사용파장 spectro 545mm

Electro .... 530~550

• Albumin 측정

	검 체
알부스트레이트	5.0
혈 청	0.03

실온에서 5분 방치후 알부스트레이트를 맹검으로하여 검체의 흡광도를 읽는다.

사용파장 spectro 630mm

Electro .... 600~650

3) 계산법

$$\text{Total Protein(g/100ml)} = \text{표준혈청단백함량} \times \frac{\text{검체의 흡광도}}{\text{표준의 흡광도}}$$

$$\text{Albumin(g/100ml)} = \text{표준혈청단백함량} \times \frac{\text{검체의 흡광도}}{\text{표준의 흡광도}}$$

4) 정상치

혈청총단백 .... 6.5~8.0g/100ml

알부민 .... 3.7~5.2g/100ml

A/G 정상 .... 1.1~1.7g/100ml

A/G비는 계산치만 기재하지 말고 Albumin과 Globulin의 성치를 기재하는 것이 더 도움이 된다.

$$\text{A/G계산} = \frac{\text{알 부 민}}{\text{총단백} - \text{알부민}}$$

〈보고서 작석용〉

〈보고서 작성용〉

〈보고서 작석용〉

5 Sulfo – phospho – vanillin 반응에 의한 비색법에 의한 Total lipids 정량

1. 실험목적

sulfo– phospho – vanillin 반응은 혈장 중 총 지질의 량을 알아보는 분석방법이다. sulfo– phospho – vanillin 시약은 혈장 중 총 지질과 복숭아색의 학화합물을 만들어 혈장 중 지질의 정량을 하게 된다.

2. 원리

이 방법은 혈청에 황산을 더하고 가열하여, 지질을 sulfon화 한다. 여기에 인산–vanillin 더하여 sulfo– phospho – vanillin 반응을 일으켜서 생긴 복숭아색을 비색 측정 (540nm)을 한다.

3. 시약 및 기구

1) 시약

① 농 황산

② vanillin 수용액 : vanillin 1.2g을 물에 녹여 전량이 200ml가 되게 한다.

③ 인산 –vanillin 시약 : vanillin 수용액 인산(85%) 800ml (갈색병 보관시 6주 유효)

④ 800mg/100ml 표준액 : olive油800mg을 ethanol로 100ml 되게 한다.

⑤ Ethanol

2) 기구

· 시험관, micropipet, heater ,cell (흡광도 재기 위한 것)

4. 방법

표 3-21 총지질 정량 실험방법

	바탕	표준 1	표준 2	표준 3
진한 황산(ml)	0	2	2	2
표준액(ml)	0	0.1(0.5mg)	0.2(1.0mg)	0
		잘 혼합하여 끓는 수조에서 10분간 가온한다.		
진한 황산(ml)	0.1	시험관을 꺼내 냉수에서 5분간 식히고 시험관에서 0.1ml씩 취한다.		
Phosphovanillin 시약(ml)	5	5	5	5
37℃ 수조에서 15분간 반응시키고 꺼내어 상온에서 5분간 냉각시킨다.				
5분 후에 540nm에서 흡광도를 측정한다. (가능한 5분을 정확히 지키고, 반응 후 10분을 넘지 않아야 한다.				

① 혼화 후 100℃ 수용액에서 10분 가열 후 유수로 냉각

② 각 반응액 0.1ml를 취해서 인산 -vanillin 5ml를 가해서 혼화 후 실온에 15분방치

③ 540nm에서 흡광도 측정

각 반응과 plasma를 실험할 때 각각 다른 pipet를 사용한다.

혼화는 잘 반응하기 위해서 반드시 하며 100℃로 가열할 때 물이 들어가지 않도록 주의한다. spectrometer는 사용하기 전 30분정도 warming up을 시킨다.

5. 결과

표 3-22 총지질 결과

STD	흡광도	총지질의mg	C군	흡광도	총지질의mg	F군	흡광도	총지질의mg
blank								
표준액								
Ethanol								
H_2O								

표준액 800mg/100ml → 8mg/1ml → 0.16mg/ 0.02ml

0.16~0.80mg/0.1ml → 160~800mg/100ml

C군	total lipids	F군	total lipids
1		1	
2		2	
3		3	
4		4	
5		5	
6		6	
Mean ±SD		Mean ±SD	

6. 평가 및 소감

6 Protein Electrophoresis

1. 실험 목적

전기영동으로 혈장 protein을 분리하여 식이별 그 곡선의 차이점을 비교하여 평가하기 위함이다.

전기 영동하여 total protein, albumin의 량, A/G ratio 등을 구하여 각각의 영양 상태를 알아보고 이 data를 기초로 하여 각 식이가 주는 영향을 생각해 본다.

2. 원리

colloid 입자는 수용액 중에서 자유롭게 운동함을 의미한다.

용매의 운동이 방해되는 조건에서 colloid용액에 직류 전압을 가했을 때 정하전원 입자는 음극으로 부하전원 입자는 양극으로 이동한다. 이것을 Electrophoresis라 한다. 여기서는 cellulose, acetate, plates를 이용하여 protein의 분획 상을 나타내며 혈청학적으로 질병의 유무를 판단 할 수 있다.

혈청 단백질 (Normal)

· Albumin : 60~71%

· Glubulin

a1 - glubulin : 2.8~ 4.1%

a2 - glubulin : 6.7 ~ 9.9%

b - glubulin : 6.4~10.7%

r -glubulin : 9.0~18.3

1) 지지체

- 분리를 효과적으로 하기 위해서 적당한 지지체를 선택하여야 한다.

: cellulose acetate 막

흡착성이 약해서 깨끗이 분리

시료의 용출이 용이하고 그 회수들도 크다.

거름종이를 쓸 때 보다 분리하는데 걸리는 시간이 짧다.

2) 완충 용액

완충 용액의 이온이 시료와 반응하는 경우가 있으므로 잘 선택해야 함. 또 시료혼합물은 일반적으로 그 동선 점에서 가장 잘 분리된다. 전기영동 법에서는 완충 용액의 이온의 세기에 유의하여야 하며, 보통 0.1근처의 완충 용액을 사용한다.

3) 전원

일정한 전압과 전류를 일정하게 유지할 수 있는 안정한 직류를 사용하는 것이 좋다. 상온에서는 길이 1cm당 2~8볼트 범위의 전압이 가장 적당.

3. 시약 및 기구

· 혈장 : C군 (1~6), F군(1~3)

· 완충액 : Tris −borbiturate pH 8.6±0.1

· 전기 영동기 (LKB)

· 염색액

· 투명 cleaning solution −liquid paraffin

· 탈색액 – 5% acetic acid 용액

· 지지체 – cellulose acetate plates

· Densitometer

· 핀셋, 거름종이, 작은 유리 그릇, micro pipet, heater, methanol

4. 방법

① cellulose acetate막을 1× 5.7cm정도의 크기로 잘라 완충용액에 조심스럽게 담근다.

이것은 20분 이상 방치하고 이지로 닦아낸다.
(전기 영동시 잘 돼서 분리가 잘 되게 하려면 막이 용액을 완전히 흡수시켜서 고른 확산이 되도록 한다.)

② Chamber −,+극 각 칸에 buffer solution을 각각 600ml 채운 후 여과지를 세운다.

③ buffer solution에 담근 지지체를 꺼내어 여분의 solution을 여과지로 제거한 후 application (도포)시킨다. 도포지점은 지지체 끝에서 1.5cm 떨어진 지점에 도포시킨다.

④ application 시에는 주의가 요망되며, applicatater가 없는 경우는 micro pipet으로 도포시킨다.

⑤ 도포된 지지체를 chamber에 얹어 놓는다.

⑥ 영동시킨다. 5.04mA에서 30분 영동한다.

⑦ 영동 후 지지체의 buffer solution을 제거후 염색은 10분간

⑧ 5% acetic acid 용액에서 탈색은 15분간 한다.

⑨ methanol에서 탈수 5분간 하고 liquid paraffin 5분간 투명화 시킨다.

⑩ 건조 시킨다. (air dry)

⑪ 65℃의 정도의 hot plate에 구워서 투명해지도록

⑫ Densitometer에 투명해진 분리된 막을 가져가서 500nm에서 비색하여 albumin과 Globulin을 분획 정량하여 나타나는 양과 A/G Ratio를 구해보고 서로 비교해 본다.

5. 평가 및 소감

부 록

3차년도 연구계획 요약문

폐경 후 여성에서 항상화요인과 골밀도와의 연관성 규명 및 골다공증 예방을 위한 프로그램 개발을 목적으로 하는 본 연구 과제는 1차년도에 항상화적 요인과 골밀도의 연관성을 규명하였고, 2차년도에는 항상화 및 항골다공증 효과가 있는 것으로 알려진 이소플라본을 보충하여 골대사에 미치는 긍정적 효과를 확인할 수 있었다. 본 3차년도 연구에서는 1 · 2차년도의 연구결과를 토대로 항산화 및 항골다공증 작용을 나타낸 대두 이소플라본 보충과 함께 운동 중재 프로그램을 제시하고자 한다. 운동요인은 본 1차년도 연구에서도 항산화능과 관련성이 나타났으며, 여러 연구를 통하여 항산화 및 골밀도와 관련성이 있는 것으로 보고되고 있다. 따라서 이소플라본의 보충과 함께 운동프로그램의 실시는 폐경 후 여성의 골다공증 예방에 상승효과가 있을 것으로 예상되며 이에 대한 지속적인 연구의 필요성이 높다고 사료된다.

3차년도의 중재프로그램은 대두 이소플라본의 보충과 동시에 항산화능이나 골밀도에 유효한 효과가 있는 것으로 나타난 연구보고와 폐경후 여성들이 일상 생활에서 실천 가능한 수준으로 운동의 종류와 방법을 검토하여 개발한다. 연구 대상자는 자연 폐경 후 1년 이상이 경과한 자로서 본 연구에 참여하기로 동의한 여성을 대상으로 한다. 선정된 대상자는 폐경 후 경과기간을 대비하여 세 군간에 차이가 없도록 각각 14명씩 운동+대두 이소플라본 보충군, 운동군, 대두 이소플라본 보충군으로 분배하여 프로그램을 실시하여 운동과 대두 이소플라군의 효과차이를 비교한다. 프로그램 전 후의 효과판정은 항산화효소의 활성(Superoxide dismutase, Total antioxidant capacity), 골밀도 측정(femoral neck, lumbar spine), 골대사 지표 분석(Osteocalcin, Deoxypyridinoline), 소변중 무기질(칼슘, 마그네슘, 아연, 구리) 배설량을 분석을 통하여 실시한다.

3차년도 연구계획

1. 연구목표

폐경 후 여성에 있어서 대두 이소플라본 보충과 운동 중재 프로그램 개발에 따른 효과를 판정하고자 함.

최근 자유라디칼의 생성이 골다공증의 중요한 원인으로 작용한다는 일부 연구결과 등이 보고되기 시작하고 있다. 이에 본 연구에서는 골다공증의 위험이 증가되는 폐경 후 여성을 대상으로 1차년도에 항산화적 요인과 골밀도의 연관성을 규명하였고 2차년도에는 항산화 및 할골다공증 효과가 있는 것으로 알려진 이소플라본을 보충하여 골밀도 및 항산화 효소에 미치는 영향을 측정하였다.

본 3차년도 연구에서는 1 · 2차년도의 연구결과를 토대로 식이 보충과 함께 운동 중재 프로그램을 계획 및 실시함으로써 식이와 운동 중재 프로그램의 효과를 판정하고자 한다. 운동은 노화와 골다공증의 예방을 위해서 권장되고 있다. 그러나 운동은 근육으로의 산소 유입을 현저히 증가시켜 반응성 산소종(reactive axygen species ; 이하 ROS라 함)을 증가시킨다고 보고되고 있다(Shuji 등 1998). 산화적 스트레스와 관련된 일부 연구에서 ROS를 비롯하여 nitric oxide(NO) 등 프리라디칼(free radical)은 골다공증의 주요한 원인으로 제시되고 있다. ROS의 경우에는 골의 콜라겐을 파괴하거나, 파골세포에 의한 protease의 분비를 촉진, 활성을 증가시킴으로써 골흡수 과정에 직접적으로 영향을 줄 수 있다(Datta 등 1996, Garrett 등 1990). ROS의 생성 또는 그 농도가 파골세포에 의한 골흡수에 있어서 중요한 역할을 한다(Beard 등 1996). 따라서 라디칼의 생성은 조골세포와 파골세포의 생성과 활성 정도에 의한 골재형성의 부조화에 기인하는 골다공증의 중요한 원인이 될 수 있는 것으로 사료된다. Ji(2000)는 격렬한 근육운동을 할 경우 운동시 산소 섭취량의 증가에 따라 세포내 활성 산화물질의 생성이 증가하고 이로 인해 체내 항산화 방어 체계에 손상이 온다고 보고하였다. 그러나 적절한 양의 운동은 활성 산화물질에 대한 체내 항산화 방어 능력을 향상시켜 운동으로 증가된 지질과산화를 감소시킨다(Leaf 등 1999). 규칙적인 운동을 하는 사람은 적혈구의 항산화 효소 활성이 높으며 산화적 스트레스를 적게 받으면서 강도 높은 일을 수행할 수 있다고 한다(Evans 2000). 본 연구의 1차보고에서도 운동 횟수에 따른 항산화효소 활성에서는 '1주일에 3~4회' 한다고 응답한 대상자의 혈청 총 항산화력(Total antioxidant capacity, TA)이 주 1~2회 이하 또는 주 5회 이상으로 응답한 나머지 대상자들보다 유의적으로 높게 나타났다($p<0.05$). 한편 DAvid(1995)는 운동으로 인해 발생되는 산화 스트레스는 항산화영양소를 많이 함유한 식이를 섭취하였을 때 감소한다고 보고하였다. 폐경 여성에서 운동에 의한 골량 증대의 효과에 관한 연구들은 많이 보고되고 있으며(임 등 1995), 운동 방법에 대해서도 연구되고 있다(박 1998). 운동과 함께 항산화 식이성분의 보충이 이루어질 때 골다공증에 있어서도 상승효과가 있을 것으로 예상된다. 본 연구에서 일상식과 함께 보충한 이소플라본은 항산화능을 가지고 있으며(Cao 등 1997) 또한 약한 에스트로겐의 작용을 하여 폐경 후 여성의 골격 건강에 긍정적인 영향을 주는 것으로 보고되고 있다(Potter 등 1998, Dalais 등 1998, Messina 등 2000). 그러나 인체실험을 통하여 운동과 대두 이소플라본을 동시에 중재하여 그에 따른 항산화 효소들의 활성과 골밀도 및 골대사 지표에 미치는 영향을 살펴본 연구는 미비한 실정이다.

본 1차년도 연구에서 항산화효소활성은 체중이 적을수록(BMI가 낮을수록), 영양소섭취 수준은 과다하게 섭취할수록 오히려 활성이 낮은 경향을 보였다. 또한 모성요인에 있어서 폐경기간이 21년 이상된 연구대상자들의 항산화 효소 활성이 20년 이하인 다른 그룹에 비해 활성이 낮은 것으로 나타났다. 운동 횟수에 따라서도 '1주일에 3~4회' 한다고 응답한 대상자의 혈청 총 항산화력(Total antioxidant capacity, TA)이 주 1~2회 이하 또는 주 5회 이상으로 응답한 나머지 대상자들보다 유의적으로 높았다. 항산화효소 SOD는 대퇴경부, 대퇴전자부, 대퇴전자 내부의 골밀도와 유의적인 양의 상관성을 보였으며($p<0.05$), TA의 경우는 유의적이지는 않았으나 모든 골밀도 측정부위와 양의 상관성을 나타냈다. 그리고 2차년도 연구의 이소플라본의 보충량(1일 90mg)과 투여기간(3개월)은 폐경 후 여성의 골밀도에 있어서는 직접적인 영향을 확인할 수 없었으나, 항산화효소 TA의 활성에 있어서 대조군에서는 변화가 없었으나 보충군에서는 상승하는 경향이었다. 혈청 무기질 농도를 증가시키고 소변 무기질의 배설량을 감소시켜 체내 무기질의 보유량을 증가시킴을 확인할 수 있었다. 또한 혈청 오스테오칼신과 성호르몬결합단백(SHBG)의 유의적인 감소는 골밀도에 있어서도 긍정적인 효과를 보일 수 있을 것으로 예상된다.

그러므로 3차년도 연구에서는 2차 연구에서 골대사에 영향을 나타낸 대두 이소플라본 보충과 동시에 운동을 중재하는 프로그램을 개발하여 운동군, 대두 ·

운동군, 대두 보충군의 세균으로 구분하여 운동과 대두 이소플라본의 보충을 2개월간 실시한 후 항산화효소(SOD, TA), 골밀도 및 골형성 지표인 오스테오칼신과 소변 중 무기질 배설량을 측정하여 식이와 운동중재 프로그램의 효과를 판정하고자 한다.

2. 연구체계 및 방법

■ 연구내용 및 일정

연구내용	추진일정												
	1	2	3	4	5	6	7	8	9	10	11	12	비고
• 자료 수집 · 분석	—	—											
• 운동과 식이 중재 프로그램 개발	—	—	—										
• 운동과 식이 중재 프로그램 적용				—	—								
• 골밀도 측정				—	—								
• 혈액채취 및 분석				—	—	—	—						
• 통계처리								—	—	—			
• 보고서 작성										—	—	—	

■ 연구방법

1) 식이와 운동 중재 프로그램 개발

- 폐경 후 여성들이 일상 생활에서 실천 가능한 운도으로 현재까지의 연구보고에서 항산화능이나 골밀도에 유효한 효과가 나타난 운동의 종류와 방법을 문헌과 질문지를 통하여 조사한 후 운동 방법, 운동 강도와 횟수를 계획함.
- 일상 식이를 하는 대상자에게 대두 이소플라본 60mg을 제조한 후 식사와 함께 보충하게 한다.

2) 연구 대상자 선정

- 자연 폐경 후 1년 이상이 경과한 자로서 본 연구에 참여하기로 동의한 여성
- 운동+식이군, 운동+위약군, 식이군으로 나누어 선정된 대상자를 폐경 후 경과기간을 대비하여 세군간에 차이가 없도록 각각 15명 씩 분배함.

3) 식이와 운동 프로그램을 2개월간 실시

- 운동군 : 운동을 실시

- 운동+대두 이소플라본 보충군 : 운동과 대두 이소플라본 보충을 함께 실시
- 대두 이소플라본 보충군 : 대두 이소플라본 보충을 실시

4) 프로그램의 효과 판정

- 운동군, 운동+대두 이소플라본 보충군, 대두 이소플라본 보충군간의 비교와 프로그램 실시 전 후의 항산화능과 골밀도 및 골대사 지표를 비교.

(1) 항산화효소의 활성 분석

① Siperoxide dismutase

SOD의 활성은 Floh 등(1992)의 방법에 기초하여, xanthin이 xanthine oxidase에 의해 superoxide를 생성하고, 이 superoxide radical은 I.N.T(2-4[4-iodopheny1]-3-[4-introphenol]-5phenyl-tetrazolium chloride)와 반응하여 Formazan dye를 형성하는데, 이 반응의 억제되는 정도를 측정한다. 전처리한 검체는 자동분석기(Cobas MIRA. Roche. Switzerland)로 측정한다.

② Glutathione peroxidase

GPx의 측정원리는 Paglia와 Valentine법(1967)에 기초한 UV법으로서, 글루타티온이 GR과 NADPH에 의해 환원될 때 NADPH의 흡광도가 340nm에서 감소하는 정도를 측정한다. 전처리한 검체는 자동분석기(Cobas MIRA. Roche. Switzerland)로 측정한다.

③ 혈청 Catalase

Catalase의 활성은 Aebi법(1974)으로 측정하였다.

Spectrophotometer(photometer 4020, Japan)으로 405nm에서 흡광도를 측정한다.

④ 혈청 총 항산화력(Total antioxidant capacity)

검사원리는 ABTS® (2,2′-Azino-이 -[3-ethylbinzthiazoline sulphonate])를 peroxidase 및 H2O2와 배양시킨 후, ABTS®에 의해 매우 안정한 청록색 분자인 양이온이 생성되면, 600nm에서 측정하였다. 자동분석기(Hitachi 7150, HITACHI. JAPAN)로 측정한다.

(2) 골대사 지표 분석

① Osteocalcin

혈청 오스테오 칼신의 농도는 Competitive 법에 의하여 OSCA test osteocalcinkit.(Brahms, Germany)를 사용하여 활성을 측정한다.

② Deoxypyridinoline(DPD)

DPD는 competitive enzyme immunoassay 방법으로 Pyrilinks-D kit(Metra Biosystems, USA)를 사용하여 분석한 후 소변 중 크레아티닌 수치로 보정하였다.(nmol/mnol Cr)

(3) 소변 무기질 분석

24시간 소변(아침식사 전부터 다음날 아침식사 전까지)을 12시간 이상 0.4% EDTA용액에 처리한 후 toluene 10ml를 넣은 24시간 채뇨용기에 수집하였다. 수집한 소변은 EDTA용액에 처리한 메스실린더로 총량을 측정한 후 전량을 잘 섞고 일부를 취하여 냉동고에 보관하였다가 분석에 사용한다.

소변 2ml를 취하여 질산과 이온제거수를 넣고 microwave법으로 분해(질산 7ml + 이온제거수 2ml)하여 검액으로 만든 뒤 ICP(Inductively coupled plasma, Thermo Jarrell Ash, U.S.A)를 이용하여 칼슘, 구리, 아연의 정량분석을 한다.

(4) 골밀도 측정

골밀도는 Duel Energy X-ray를 이용하여 대퇴부(femoral neck)와 요추(lumbar spine) 부위 촬영.

■ 연구절차

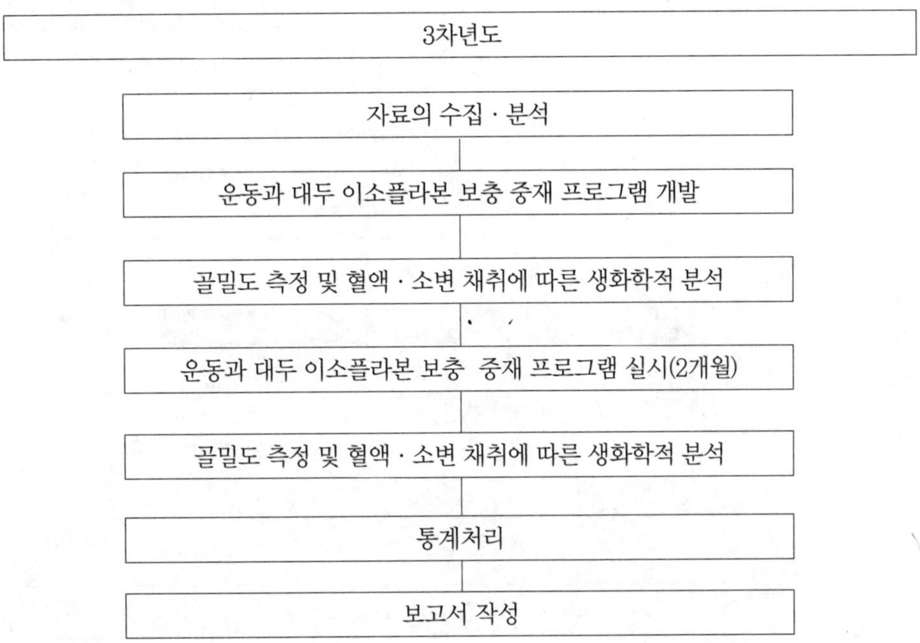

■ **최종목표 달성 가능성**

본 연구과제는 1차년도에 폐경 여성의 골밀도 및 골대사지표, 일반사항에 따른 항산화 효소활성을 측정함으로써 항산화요인과의 관련성을 종합적으로 분석하였고 2차년도에는 골밀도 및 항산화효과가 있는 것으로 연구되고 있는 이소플라본의 보충에 따른 항산화요인과 골다공증의 연관성을 제시하였다. 3차년도에는 항산화 및 항골다공증 효과가 있는 것으로 보고 되고 잇는 대두 이소플라본 보충과 함께 운동에 의해 중재 프로그램을 개발 · 실시하여 골밀도 및 항산화효소 활성에 미치는 영향을 판정함으로써 폐경후 여성을 위한 골다공증 예방전략을 수립하고자 하는 최종 목표를 달성할 가능성을 높였다고 사료된다.

■ **연구수행 체계**

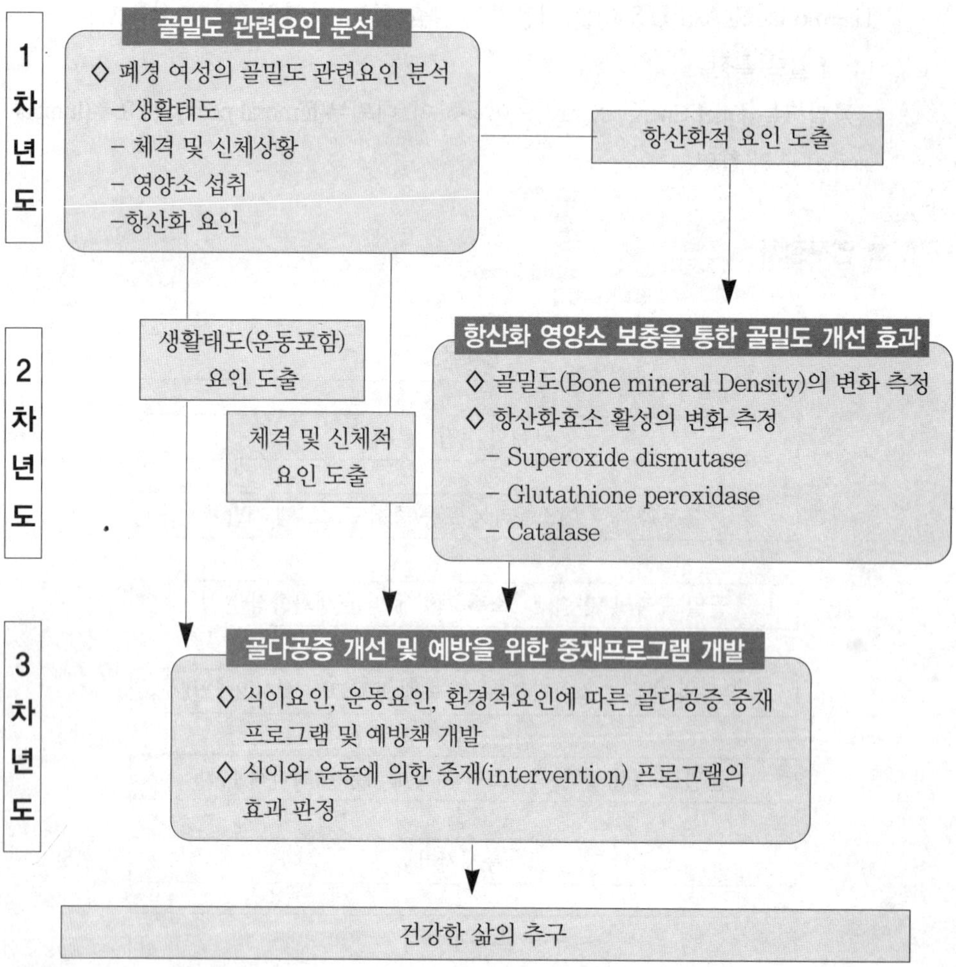

3차년도 연구계획

	비 목	산출내역	금액(단위:원)	
인건비	가. 내부인건비			
	나. 연구수당	연구원 750,000원×1인×12월×30% 연구조원 600,000원×1인×12월×30% 600,000원×1인×12월×15%	2,700,000 2,160,000 1,080,000	5,940,000
직접경비	가. 여비	10,000×4인×10회	400,000	400,000
	나. 기술정보활동비	회의 경비 40,000×5회 국내외자문료 250,000원×1인×1회 문헌구입비 50,000원×4권 학회참가비 30,000원×3인×2회	200,000 250,000 200,000 180,000	830,000
	다. 특허출원료			
	라. 연구기자재/시설비			
	마. 재료/전산처리비	프린터 드럼(개) 120,000원×2개	240,000	10,189,000
		프린터 토너(개) 27,000원×3개	81,000	
		전산용지(상자) 20,000원×2상자	40,000	
		디스캣(3.5″/상자) 8,000원×2상자	16,000	
		시험분석료		
		골밀도 12,000×42인×2	1,080,000	
		Osteocalcin 10,000인×42인×2	840,000	
		소변 DPD 24,000원×42인×2	1,680,000	
		SOD 30,000원×42인×2	2,520,000	
		TA 15,000원×42인×2	1,260,000	
		소변 (칼슘) 3,000원×42인×2	252,000	
		소변 (마그네슘) 3,000원×42인×2	252,000	
		소변 (아연) 3,000원×42인×2	252,000	
		소변 (구리) 3,000원×42인×2	252,000	
		혈청분리관 10,000원×4box	40,000	
		진공채혈관 34,000원×4box	136,000	
		임상병리사 50,000원×2인×2회	200,000	
		체육관 이용료 20,000×28인×2달	1,120,000	
	바. 시작품제작비			
	사. 수용비/수수료	보고서(A4, 300p) 5,000원×10부	50,000	341,000
		설문지(A4, 20p) 2,000원×100부	200,000	
		문헌복사(A4)	91,000	
간접비			2,300,000	2,300,000
			20,000,000	20,000,000

참고문헌

1. 가축 영양학, 건대 출판사, 1983
2. 김숙희 외. 식생활과 건강. 신광출판사, 1997.
3. 김준평, 생화학 실험, 집현사, 1982
4. 김창환의 공저, 생물학, 일신사, 1975
5. 김화영 외. 영양 그리고 건강. 교문사, 2005.
6. 김현숙 외. 생활주기 영양학. 신광출판사, 2001.
7. 노경희, 홍삼및 도라지 분말이 흰쥐의 혈청 및 간 지질에 미치는 영향, 단국대학교 석사 학위 논문, 1983
8. 모수미 외. 식사요법. 교문사, 2000.
9. 문수재. 개정 영양과 건강 현대인의 생활영양. 신광출판사, 1998.
10. 박춘란 외. 단체급식. 광문각, 2001.
11. 서정숙, 서광희, 이승교, 정현숙. 기초영양학. 지구문화사, 2001.
12. 승정자 외. 식사요법. 광문각, 2002.
13. 승정자 외. 영양판정. 청구문화사, 2003.
14. 승정자 외. 현대인의 건강을 위한 영양과 식생활. 청구문화사, 2003.
15. 식품영양학 교재편찬위원회. 기초영양학. 광문각, 2004.
16. 실험 생화학, 탐구당, 1979
17. 영양학 실험법, 탐구당, 1978
18. 최혜미 외. 21세기 영양학 개정판. 교문사, 2001.
19. 한국영양학회. 보건복지부 추천 한국인 영양섭취기준, 2006.
20. 韓仁 외 공저, 영양학 실험과, 동명사, 1983
21. Bax BE, Alam ASMT, Banerji B, Bax CMR, Bevis PJR, Stevens CR, Moonga BS, Blake DR and Zaida M : Stimulation of osteoclastic bone resorption by hydrogen peroxide. *Biochem Biophys Res Commun*, 183:1153-1158, 1992.
22. Beard CJ, Key LL, Newburger PE, Ezekowitz AB, Arceci R, Miller B, Proto P, Ryan T, Ana-st C and Simons ER : Neutrophil defect associated with malignant infantile osteopetrosis. *J Lab. Clin Med*, 108:498-505, 1996.
23. Brown J. E. Nuttrition Now. Wadsworth, 2002.
24. Burton G and Ingold K : Vitamin E as an in vit-ro and in vivo antioxidant. Annal *NY Acad Sci*, 570:7-22, 1989.
25. Chambers TJ and Hall TJ : Cellular and mole-cilar mechanisms in the regulation and function of osteoclasts. *Vitamine and Hormone*, 46:41-86, 1991.

26. Chang-Claude, J. and Frentzel-Beyme, R. Dietary and Lifestyle determinants of mortality among German vegetarians. Int. J. Epidemiol., 22:228, 1993.

27. Dalalis F.S., Rice G.E., Bell R.J. : Dietary soy supplementation increases vaginal cytology maturation index and bone mineral content in postmenopausal women. Am. J. Clin, Nutri., 68(Suppl), 1518S, 1998.

28. Damoulis PD and Hauschka PV : Cytokines induce nitric oxide production in mouse osteo-blasts. *Biochem Biophys Res Commun*, 201:924-931, 1994.

29. Datta HK, Rathod H, Manning P, Turnbull Y and McNeil CJ : Parathyroid hormone induces superoxide anion burst in the osteoclast : evidence for the direct instantaneous activation of the osteoclast by the hormone. *Endocrinology,* 149:269-275, 1996.

30. Evans B, Griffiths K & Morton M : Inhibition of 5a-reductase in gental skin fibroblasts and prostate tissue by dietary lignans and isoflavonoids. Journal of Endocrinology 147:295-302, 1995.

31. Fraser, G.E., Lindsted K.D., and Beeson. W.L. : Effect of risk factor values on lifetime risk of and age at first coronary event. The Adventist Health Study. Am. J. Epidemio., 142:746, 1995.

32. Fridovich I and Liochev SI : Superoxide generated by glutathione reductase initiate a vanadate-dependent free radical chain oxidation of NAD-PH. *Arch Biochem Biophys*, 294:403-406, 1992.

33. Garrett IR, Boyce BF, Oreffo ROC, Bonewald L, Poser J and Mundy GR : Oxygen-derived free radicals stimulate osteoclastic bone resorption in rodent bone in vitro and in vivo. J Clin In-vest, 85:632-639, 1990.

34. Haper' s review of Biochemistry, David W. Martin ,Jr외 공저, LANGG Medical Yublications 18th edition

35. Heuper NRC AIN

36. James L. Groff & Sareen S. Gropper. Advanced Nutrition and Human Metabolism. Wadsworth Thomson Learning, 2000.

37. Mahan L.K. et al. Krause' s Food, Nutrition & Diet therapy(10th ed). Saunders, 2000.

38. Messina, M. and Messina, V. Soyfood, soybean isoflavones, and bone health : a brief overview. J. Ren. Nutri., 10, 63, 2000.

39 Potter, S.M., Baum, J., Teng, H., et al : soy protein and isoflavones : their effects on

blood lipids and bone density in postmenopausal women. Am. J. Clin, Nutri., 68(Suppl.), 1375S, 1998.

40. Pottratz ST, Bellido T, Mocharia H, Crabb D and Manolagas S : 17-Estradiol inhibits expression of human interleukin-6 promoter-reporter constructs by a receptor-dependent mechanism. J Clin Invest, 93:944-950, 1994.

41. Ralston SH, Todd D, Helfrich MH, Benjamin N and Grabowski P : Human osteoblast-like cells prodice nitric oxide and express inducible nitric oxide synthase. *Endocrinology*, 135:330-336, 1994.

42. Reeves JD, Augus CS, Humbert JR and Wes-ton WL : Host defense in infantile osteopetrosis. *Pediatrics*, 64:202-206, 1979.

43. Shills M. et al / Modern nutrition in health and Disease(8th ed), Lea & Febiger, 1999.

44. Stein B and Yang MX : Repression of the interleukin-6 promoter by estrogen receptor is mediated by NF- κB and C/EBP. Mol Cell Biol, 15:4971-4979, 1995.

45. Subbiah M, Kesscl B, Agrawal M, Rajan R, Abplnalp W and Rymaszewski Z : Antioxidant potential of specific estrogens on lipod peroxidation. J Chin *Endocrin Metabol*, 77:1095-1097, 1993.

46. Suda N, Morita I, Kuroda T and Murota S : Patricipation of oxidative stress in the process of osteoclast differentiation. Biochim Biophys Acta, 1157:318-323, 1993.

47. Sugioka K, Shimosegawa Y and Nakano M : Estrogens as natural antioxidants of membrance phospholipid peroxidation. *FEBS Lett,* 210:37-39, 1987.

48. Veille JC, Li P, Eisenach JC, Massmann AG and Figueroa JP : Effects of estrogen on nitric oxide biosynthesis and vasorelaxant activity in sleep uterine and renakarteries in vitro. Am J *Obstet Obstet*, 174:1043-1049, 1996.

49. Venema RC, Nishida K, Alexander RW, Har-rison DG and Murphy TJ : Organization of the bovine gene encoding the endothelial nitric oxide synthase. *Biochem Biophys Acta*, 1218:413-420, 1994.

50. Weiner CP, Lizasoain I, Baylies S, Knowles RG, Charles IG and Moncada S : Induction of calcium-dependent nitric oxide synthases by sex hormones. *Proc Natl Acad Sci USA*, 91:5212-5216, 1994

인덱스(Index)

영양학 실험

2006년 3월 5일 초판
2006년 3월 10일 발행

지은이 : 최경순 · 윤미은 공저
본문편집 : 이명숙
펴낸이 : 이무형
펴낸곳 : 태학원

주소 ; 서울시 마포구 신수동 88-13호
전화 : 02-719-6680, 02-715-3554
팩스 : 02-719-6681

가격 : 12,000원
ISBN : 89-86016-89-3 13590